基礎からわかる「ネットワーク・システム」の理論と構築

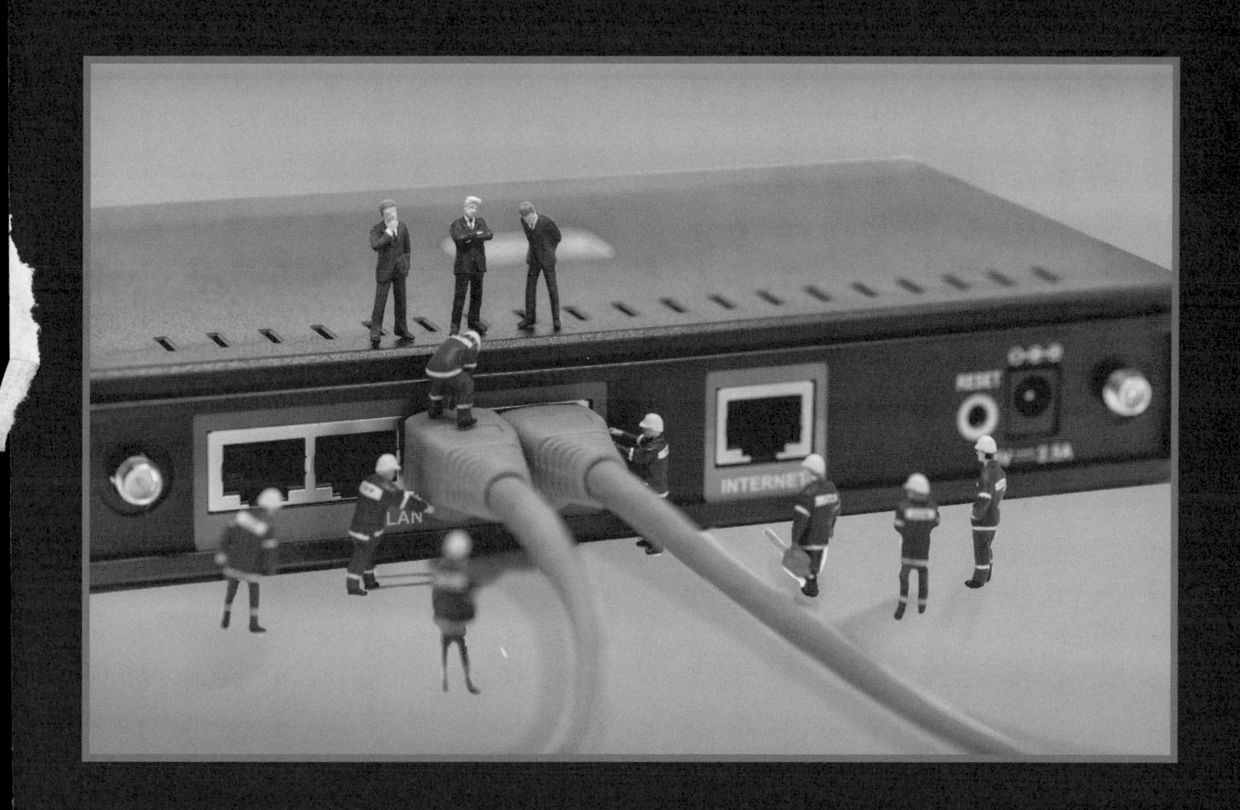

はじめに

最近のネットワーク技術、例えばスマートフォンを中心にした、「無線ネットワーク」の技術、クラウドやNASなどのネットワーク上での「ファイル共有」や「データベース技術」などは、理論と実践のかなり幅広い専門知識が求められている。

IoT時代を迎え、すべてのコンピュータがネットワークにつながる時代において、ネットワーク知識を身に付けることは必要不可欠な時代に入りつつある。どのような内容を、どの程度までネットワーク知識を身に付けるべきであろうか。

*

この要望に応えるため、本書の**第1部**では、ネットワークの大きな役割として認められている「イントラネット」(会社内)での「ファイル共有」、ファイルやデータをインターネットで遠隔操作を行なう「TeamViewer」、インターネット上のファイル共有を行なう「クラウド」などを紹介している。

ここで学んだネットワークの知識が、即、ビジネスの現場で実践に活用できることを説明している。

第2部では、ネットワーク構築に必要な知識を、「ハブ」「ルータ」「NAS」などの機器をネットワークに組み込みながら、実践的に説明している。

たとえば、Wi-Fiを設置し、実際に電波を飛ばしたり、ネットワーク内にNASを設置し、ファイルを保存や共有したりする。

特に、理論と実践の連携を念頭に取り組んでいる。

第3部では、本書で扱ったネットワークの活用や構築に必要な基本理論を説明している。

特に、TCP/IP理論におけるデータの送受信の仕組みなどを中心に説明している。さらに、ネットワークの管理やトラブル対策についても説明している。

このように、本書は「実践から理論へ」とネットワークに必要な知識を、3部構成から明らかにしている。一般に市販されている本とは逆の構成になっており、これが本書の大きな特徴の1つになっている。

*

本書は、以下の3名によって執筆された。現場のネットワーク構築経験が豊富で、ネットワーク構築の会社を経営している中西盛麿講師。最近のSNSに通じ、かつ中学時代からホームページなどを作成して情報に関心を持っている学生の瀬良美紗稀さん、そして20年前に『TCP/IP』の本を出版後、ネット時代の進展を体験してきた私の3人である。

1年がかりの3人の共同作業を通し、本書が出版できたことは望外の喜びである。

梅原　嘉介

CONTENTS

第7章　無線LANの構築の仕方

第8章　NASの設定と役割

第3部　ネットワークの理論

第9章　IPアドレスの設定と役割

第10章　ネットワークの仕組みとデータのやり取り

第11章　ネットワーク管理とトラブル対策

補　論

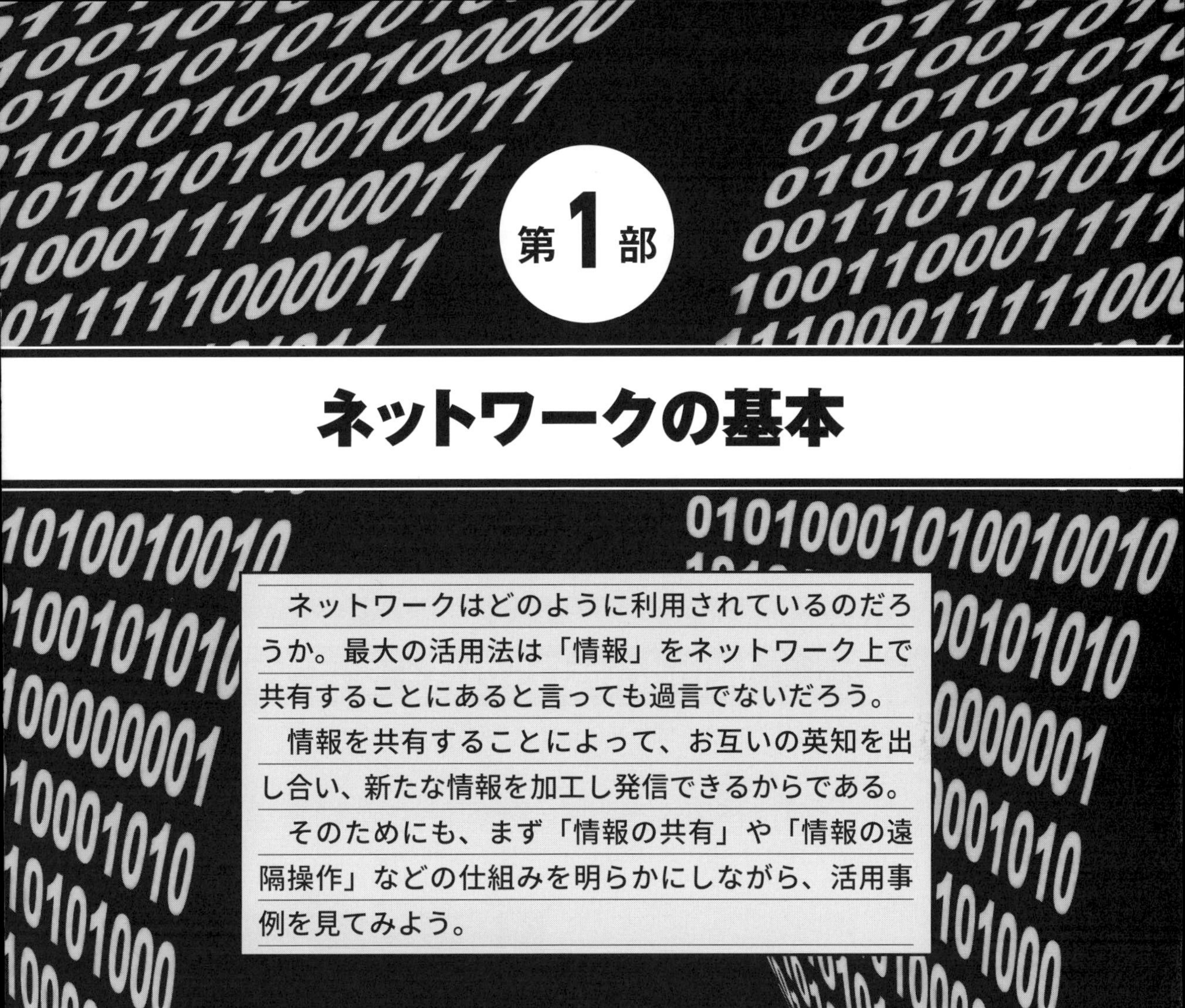

第1部

ネットワークの基本

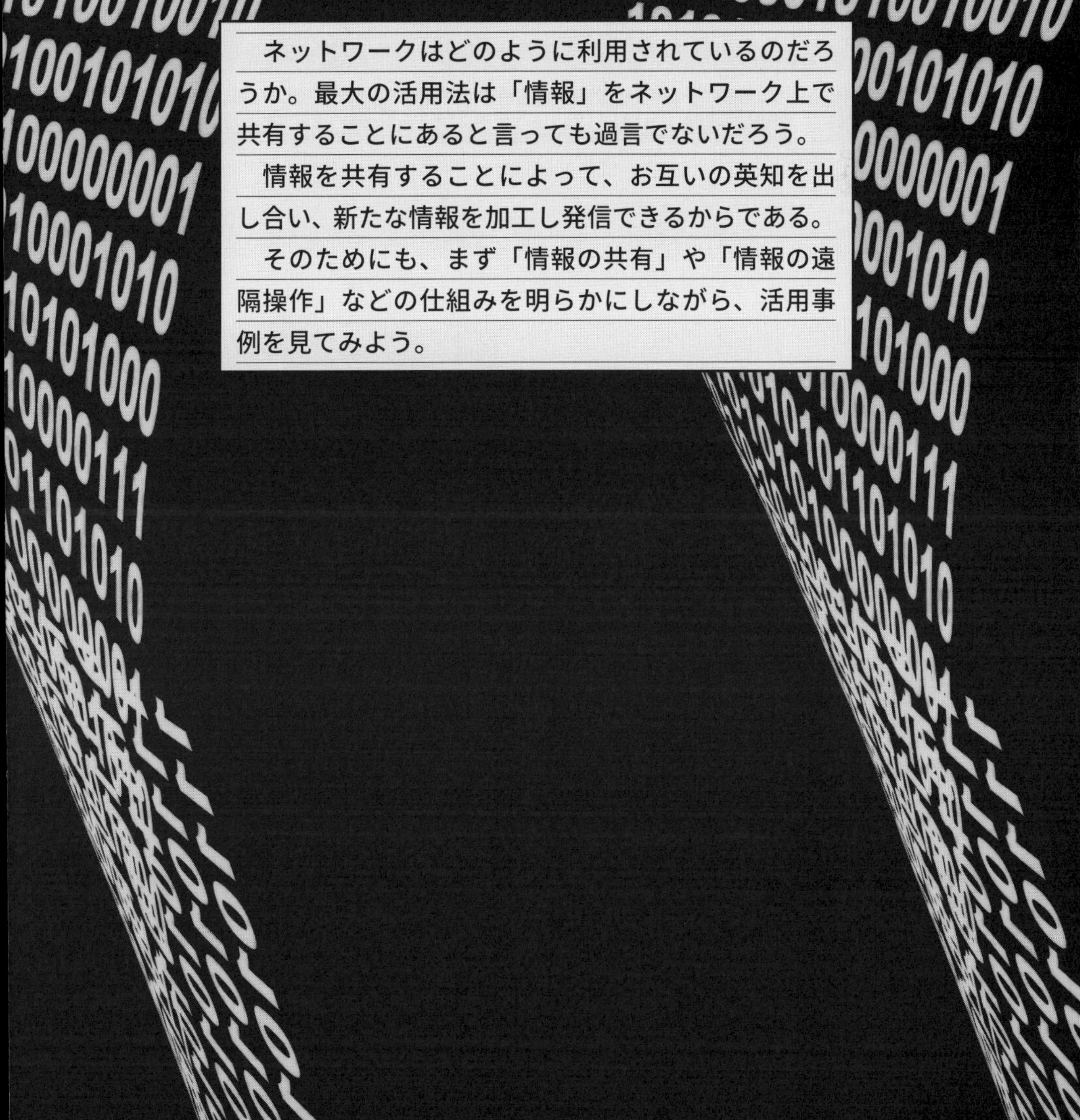

ネットワークはどのように利用されているのだろうか。最大の活用法は「情報」をネットワーク上で共有することにあると言っても過言でないだろう。

情報を共有することによって、お互いの英知を出し合い、新たな情報を加工し発信できるからである。

そのためにも、まず「情報の共有」や「情報の遠隔操作」などの仕組みを明らかにしながら、活用事例を見てみよう。

第1章

ネットワークを学ぶ前に知っておくこと

これからネットワークを本格的に学ぶ前に知っておくべきことを、まず見てみよう。
最初に、自分のコンピュータの環境を見てみる。

1-1 WindowsOSのバージョン

最初は、各自がネットワークに使うコンピュータのWindowsOSのバージョンを確認しておく。

OSのバージョンの違いによって、ネットワークの環境設定が異なる場合があるからである。

---

[1]デスクトップ画面の右下の、「ここに入力して検索」画面をクリック。

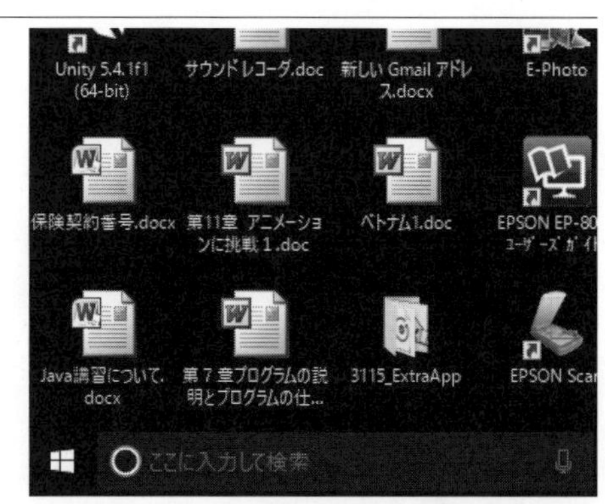

デスクトップ画面

[2]「検索画面」は、次のように変わる。

[3]検索画面に「Winver」と入力後、画面の「Winver コマンドの実行」をクリック。

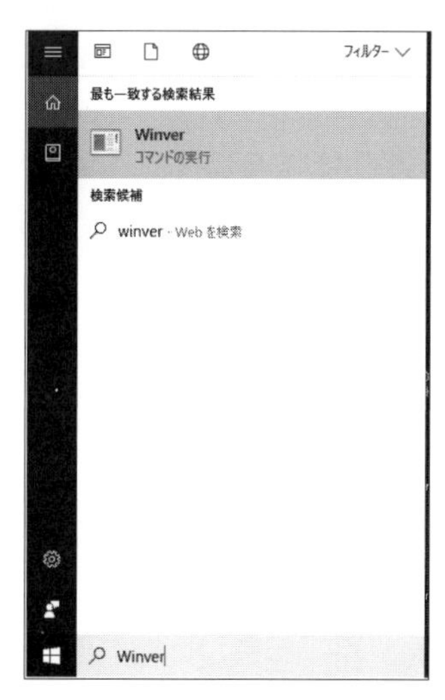

画面は次のようになる。

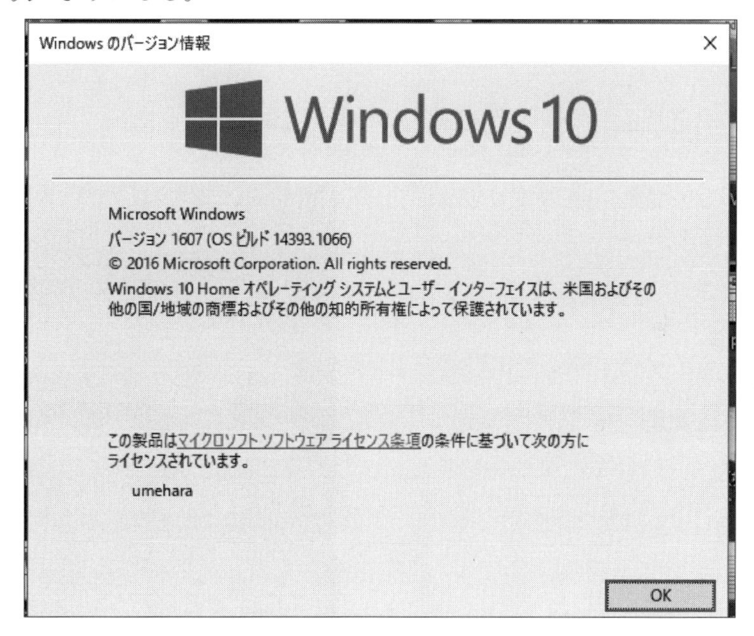

使っている「Windows」のOSのバージョンが、「Windows 10」だということが分かる。

1-2 コンピュータ名

次に、ネットワークにおける「自分のコンピュータの所在」を確認する。

「所在」を確認するには、郵便制度における「住所」に相当する「IPアドレス」、「氏名」に相当する「コンピュータ名」がある。

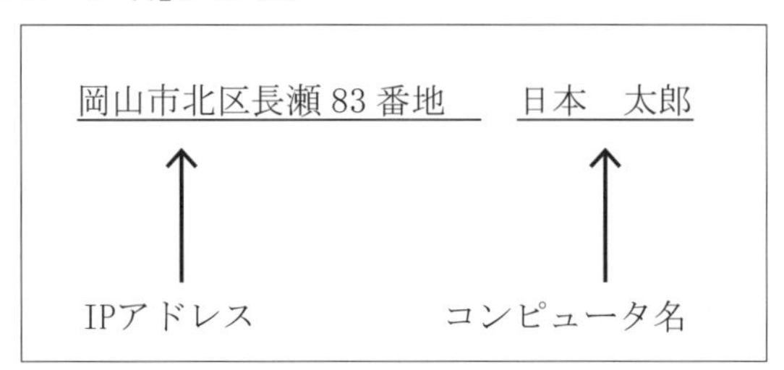

最初に、「コンピュータ名」を見てみる。

＊

使っているコンピュータには必ず「コンピュータ名」が付いており、「コンピュータ名」は「ファイル共有」や「プリンタ設定」などに欠かせない。

ここで、「コンピュータ名」を確認するための手順を見ておこう。

[1]「スタート・ボタン」を左クリック。

[2]画面から「設定」をクリック。

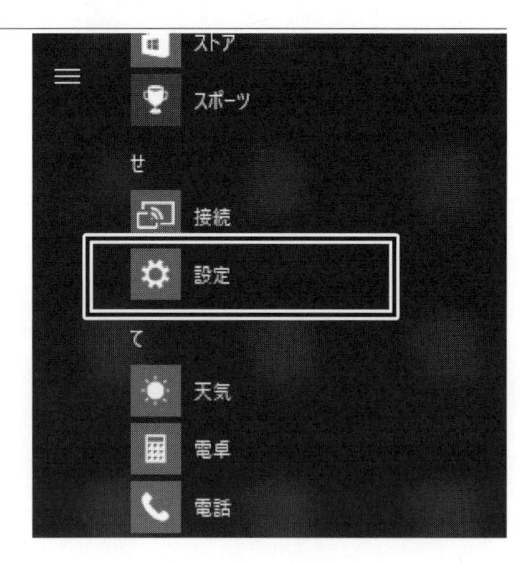

[3]画面から「システム」をクリック。

[4]「バージョン情報」をクリック。

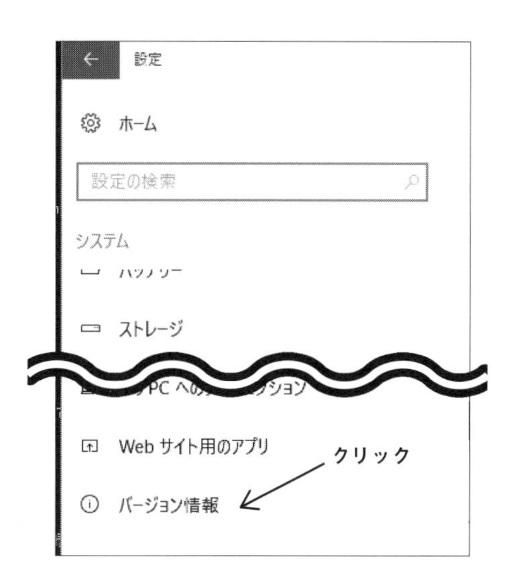

次の画面が表示される。

使用している機種の「コンピュータ名」(PC名)は「umehara-PC」ということが分かる。

1-3　コンピュータの基本的情報

今までバージョン情報やコンピュータ名などを別々に見てきた。

このような基本的情報を一括して、見てみよう。

「スタート・ボタン」を右クリック後、「システム」をクリックする。

この手法はWindows 10から利用できる。

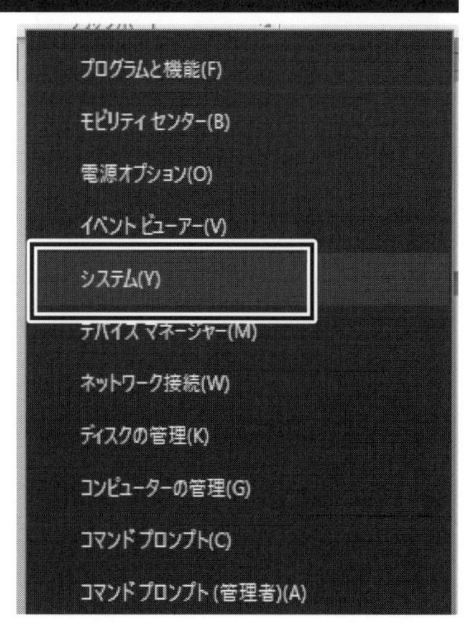

次のようなシステム画面が表示される。

画面から、さまざまな基本的な情報が手に入る。

もちろん、WindowsOSの「バージョン」や「コンピュータ名」、さらには「実装メモリ」や「システム」が「64ビット」のコンピュータであることも分かる。

1-4　IPアドレス

コンピュータの「住所」を示すものとして使われるのが「IPアドレス」である。

この「IPアドレス」には2つの種類がある。「グローバル・アドレス」と「プライベート・アドレス」である。

IPアドレス
- グローバル・アドレス
- プライベート・アドレス

■「グローバル・アドレス」と「プライベート・アドレス」の違い

「グローバル・アドレス」は世界に一つしかないアドレスで、サーバがインターネットに接続する際に「プロバイダ」から割り当ててもらう。

この「グローバル・アドレス」の管理は国際的には「ICANN」という団体が管理している。

日本では、「ICANN」に代わって、「JPNIC」が国内における「IPアドレス」の管理をしている。

「プライベート・アドレス」は、企業内のネットワーク管理者が企業内LANを組みたい場合に、個々のコンピュータに任意に割り当てることができるアドレスである。

この「プライベート・アドレス」では、インターネットに直接つなげることはできない。

「プライベート・アドレス」として、管理者がよく用いるのが、

```
192.168.0.0～192.168.255.255
```

である。

■「IPアドレス」の表示

「IPアドレス」は、「最大3桁の10進数」の数字を1つの組として(2進数表示で「8ビット」の数値)、これを「4つ」組み合わせ(2進数表示で「32ビット」の数値)て構成される。

組み合わせの区切りには「ドット」(.)が使われている。

たとえば、

```
192.168.11.10
```

と表示される。この表示の仕方を「Pv4」と呼ぶ。

> ※2010年からは、「IPアドレス」の不足対策として「IPv6」表示が併用して使われている。
> 「IPv6」は、その「ネットワークアドレス」の長さが「128ビット」で表記されている。
> そのため、「IPv4」と同様の表記では冗長になりすぎるため、アドレスの値を「16ビット」単位ごと「コロン」(:)で区切り、「16進法」で表記する。

■コマンドプロンプト画面の呼び出し

では、この「IPアドレス」をどのように見つけるのであろうか。

そのためには、ネットワーク管理者がよく使う「コマンドプロンプト画面」から見つけ出す必要がある。

まず、コマンドプロンプト画面を呼び出す方法を見てみよう。

①第1の方法

「スタート・ボタン」を右クリックし、「すべてのアプリ」をクリック後、画面の「Windowsシステムツール」をクリックする。

画面の「コマンドプロンプト」をクリックする。

画面に真っ黒なコマンドプロンプト画面が表示される。

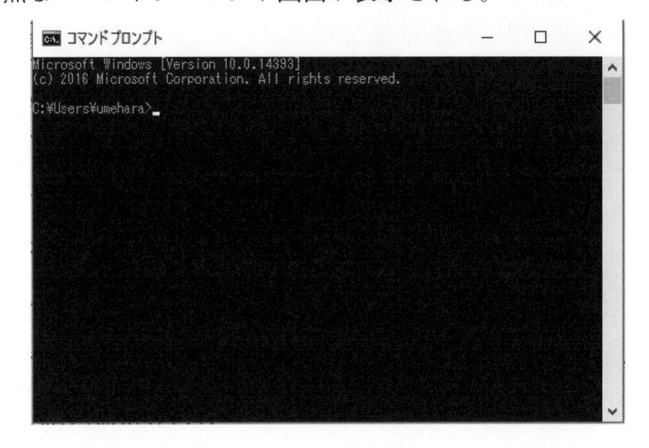

②第2の方法

簡単に、「コマンドプロンプト」を呼び出すには、「Windows 10」から利用できるようになった手法を使う。

「スタート・ボタン」を右クリックすると、画面には即「コマンドプロンプト」が表示される。

それをクリックすると、「コマンドプロンプト」の画面が表示される。

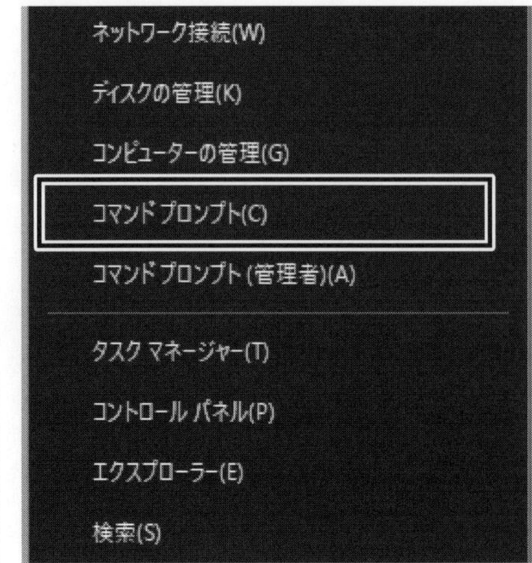

※「Windows 10 Version 1703」からは、タスクバーの設定によっては「Windows PowerShell」が表示されるが、これは「コマンドプロンプト」に機能が追加されたものなので、「コマンドプロンプト」と同様に操作してかまわない。

③第3の方法

デスクトップ画面の下部にある検索画面に「cmd」と入力すると、画面にコマンドプロンプト表示が出る。これをクリックする。

※いずれの方法も「Windows 10」からの方法であり、「Windows 7」などを使用しているユーザーは、異なる方法で「コマンドプロンプト画面」を呼び出すことになる。

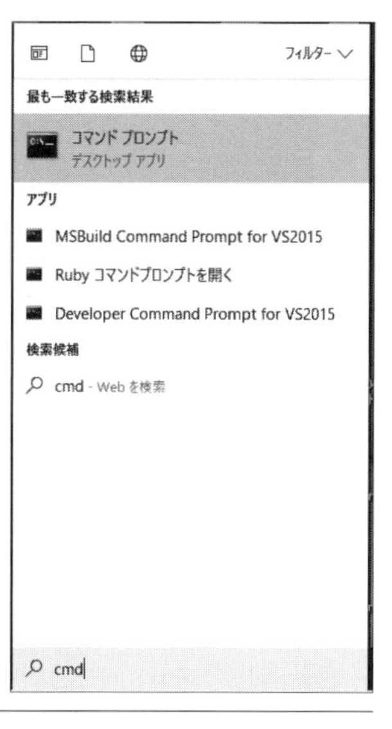

■ IPアドレスの表示

「IPアドレス」を見つけだすため、この「コマンドプロンプト画面」に

```
>ipconfig
```

と打つ。

＊

実際に、打ってみる。

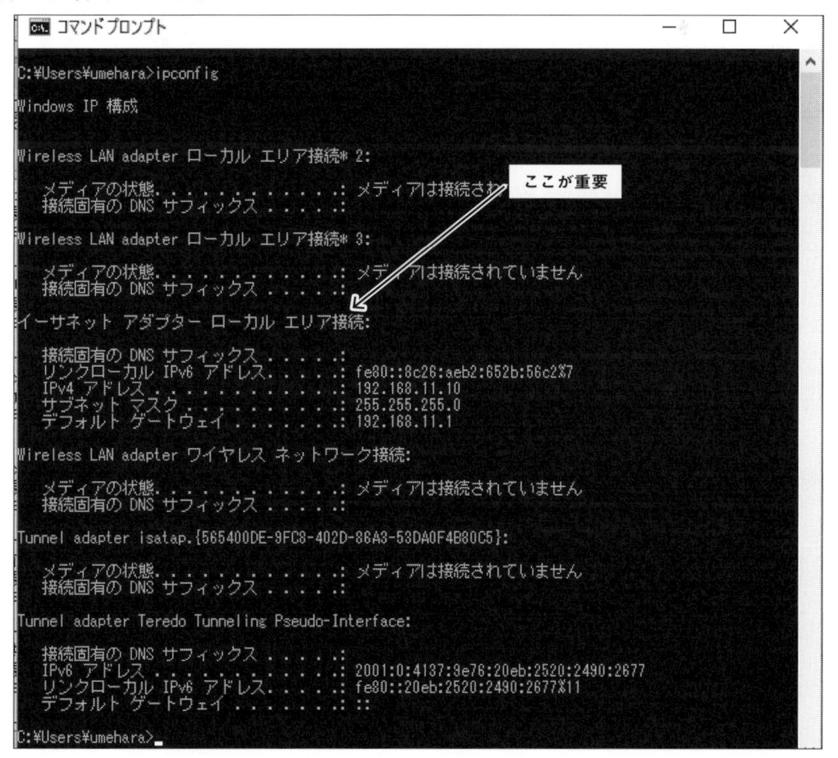

多数のメッセージが表示されるが、特に「イーサネット　アダプター　ローカルエリア接続：」の項目が重要である。ここの個所を取り出してみる。

```
イーサネット アダプター ローカル エリア接続:

   接続固有の DNS サフィックス . . . . .:
   リンクローカル IPv6 アドレス. . . . .: fe80::8c26:aeb2:652b:56c2%7
   IPv4 アドレス . . . . . . . . . . . .: 192.168.11.10
   サブネット マスク . . . . . . . . . .: 255.255.255.0
   デフォルト ゲートウェイ . . . . . . .: 192.168.11.1
```

「IPアドレス」には、「IPv6」と「IPv4」の2つのアドレスが表示されているが、本書では「IPv4アドレス」を取り上げる。

「サブネット・マスク」はホストの設定台数を決める重要な役割を担っているが、これについては**第3部**で詳しく説明する。

デフォルトゲートウェイは企業内ネットワークの出口を示すアドレスである（ルータ本体のアドレスでもある）。

※Wi-Fiに接続されている場合、画面の「Wireless LAN adapter」の個所に「IPアドレス」や「サブネット・マスク」などが表示される。

■「IPアドレス」の使用

では、この「IPアドレス」はどのようにネットワークで使われるのだろうか。

ネットワークでは、「IPアドレスに始まりIPアドレスで終わる」といわれるほど、「IPアドレス」を理解し、使いこなすことが必要不可欠となっている。

いずれ詳しく説明するが、ここでは簡単、かつ重要な2つの使い方を見ておこう。

①「ネットワーク通信」の接続確認

「IPアドレス」は、コンピュータがネットワークにつながっているかの接続確認に使う。

これは「ネットワーク管理者」がいちばん使う手法の一つである。

具体的には、「コマンドプロンプト画面」に接続確認コマンドの「ping」を打った後、1文字分の空白を開け、接続したい相手のコンピュータのIPアドレスを、

```
>ping  183.79.135.206
```

と打つ。

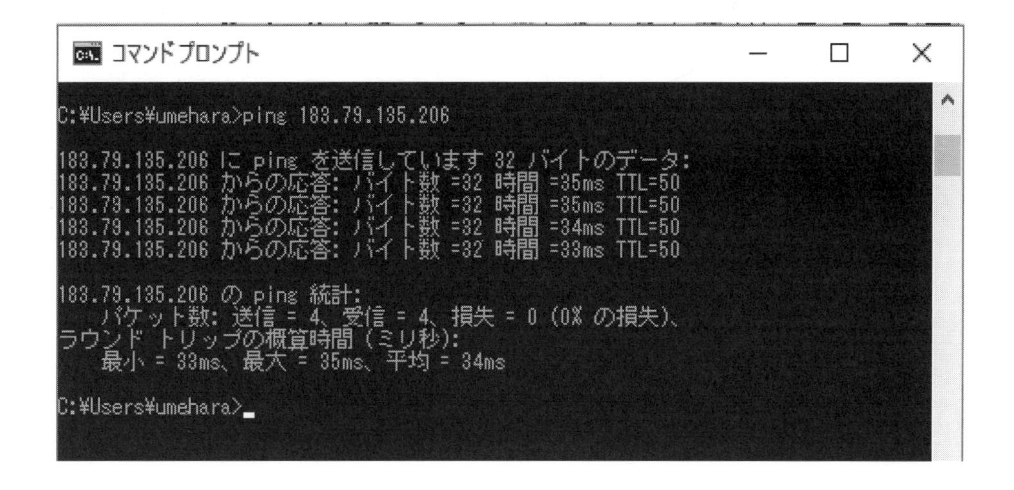

画面に4回の応答が表示される。

この4回の応答があれば、相手とつながっていることになる。

ネットワーク管理者は、この「pingコマンド」を使って「接続の確認」や「故障個所」などのチェックをする。

②「IPアドレス」を「Webブラウザ」のURLの「ドメイン名」として使用

もう一つの重要な使い方は、「IPアドレス」を「Webブラウザのドメイン名の代わり」に使っている。

たとえば、私たちがyahooのホームページを見る場合、

http://www.yahoo.co.jp

と打つ。

しかし、yahooのホームページを表示するには、ネット上では「yahoo」の「IPアドレス」が使われている。

yahooのドメイン名「www.yahoo.co.jp」は、yahooの住所である「IPアドレス189.79.135.206」に変換されて、yahooのホームページに届くのである。

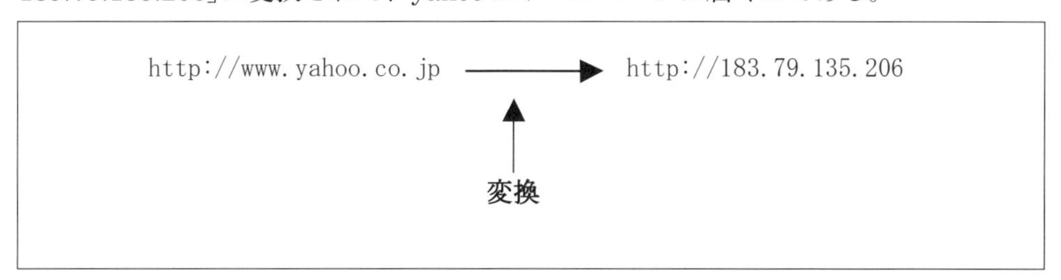

実際に、ブラウザのURLにyahooの「IPアドレス」を直接打ってみよう。

yahooのホームページ画面が表示される。

この「www.yahoo.co.jp」を「183.79.135.206」に変換するのは、「DNSサーバ」が自動的に行なっている。

※yahooのIPアドレスを見つけるには、「nslookupコマンド」を使う。
コマンドプロンプト画面に、次のように打つ。

```
>nslookup  www.yahoo.co.jp
```

このようにインターネット上では、「IPアドレス」がデータの送受信の際使われていることが分かる。

第2章

「ファイル共有」に挑戦

ネットワークを使いさまざまなことができるが、本章では、ビジネスに役立つ「ファイル共有」の使い方を見てみよう。

2-1 ファイルの共有設定

自分で作成したファイルを他の人と共有することによって、「ファイルの共同管理」や「ファイル交換」ができる。

これは、会社においてはソフト開発に際して、プロジェクトチームがファイルを共有し、開発を同時に進めるためによく使われる。

ここでは、「フォルダ」を作り、そこに「共有したいファイル」を保存する。

その際、「ドライブ」ごと「共有設定」をするのでなく、「フォルダ」を「共有設定」する。

*

最初に、各自新たな「フォルダ」を作り、それを「共有設定」しよう。

---

[1]フォルダの作成

「Cドライブ」に各自共有するためのフォルダ「fuji」を作る。

エクスプローラをクリック後、「Cドライブ」を「右クリック」すると「新規作成」が表示される。

これをクリックし、さらに「フォルダ」をクリックすると「新しいフォルダ」という名前のフォルダが作られる。この名前を「fuji」に変更する。

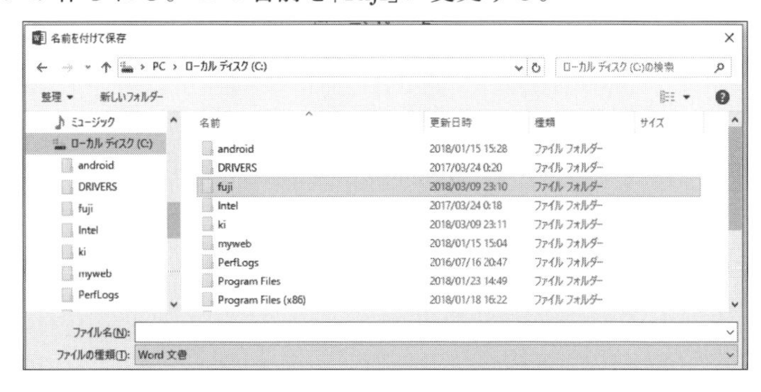

[2]「ワード」で文章作成

「ワード」で、文章を次のように作ろう。

ようこそ学園へ

[3] フォルダfujiにファイル名sample01で保存

この「ワード」ファイルをフォルダ「fuji」に「sample01」という名前で保存する。

[4]「fuji」を右クリック

フォルダの「fuji」を右クリックし、画面の「プロパティ」をクリックする。

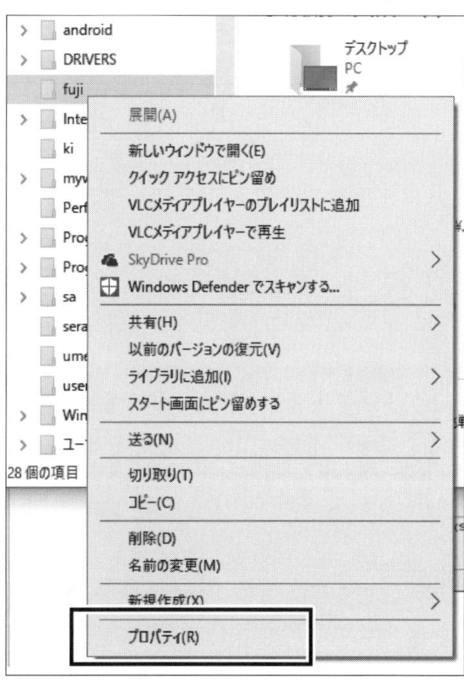

[5]メニューの「共有」をクリック

[6]画面にある「共有」(S)をクリック

画面は、次のようになる。

現在、ユーザーの名前しかないので、共有したいユーザーを追加する。

[7]画面の右のアイコン「∨」をクリック

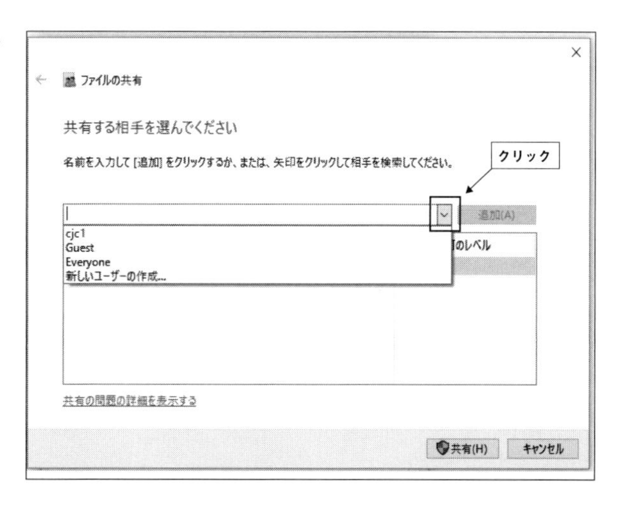

[8]共有する相手として「Everyone」をクリック後、「追加」をクリック

共有する相手をすべてのユーザーとするので、「Everyone」をクリックする。

[9]「読み取り」のアイコンをクリック

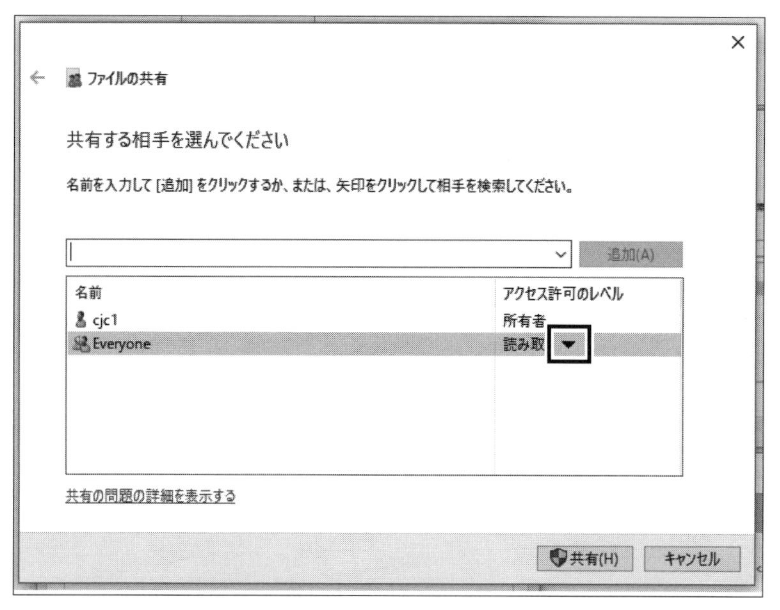

[10]さらに、画面の「読み取り/書き込み」を選択。

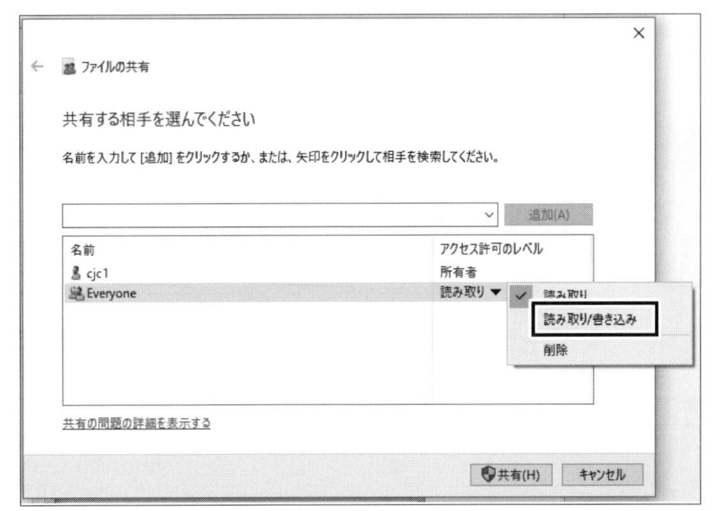

[11]画面下の「共有(H)」をクリック

[12]「終了」ボタンをクリック

フォルダの共有設定が完了したので、「終了」ボタンをクリックする。

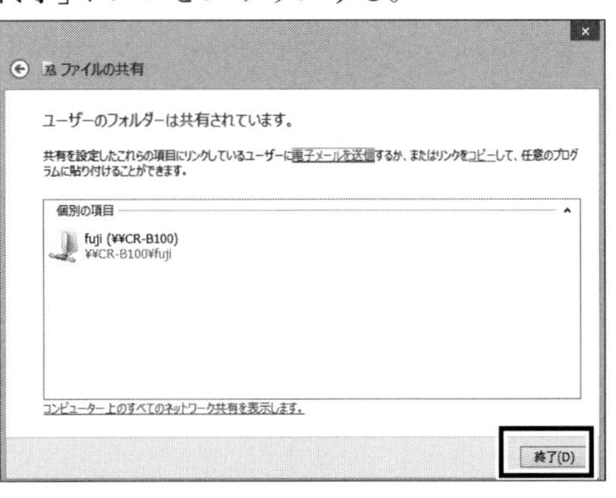

ここで、重要なことは、「fuji」の次の丸カッコ内の「CR-B100」は、「コンピュータ名」である。

各自、ネットワークにつながっている多数のコンピュータから、「共有フォルダ」を設定してあるコンピュータを探さなければならない。そのとき探す目印が、「コンピュータ名」である。

2-2 「共有フォルダ」にアクセス①

次に、ファイルを共有したい人から、この「共有フォルダ」にアクセスする仕方を見ておこう。

[1]「スタート」、「エクスプローラ」から、「ネットワーク」をクリック

「スタート」、「エクスプローラ」をクリック後、「ネットワーク」をクリックする。

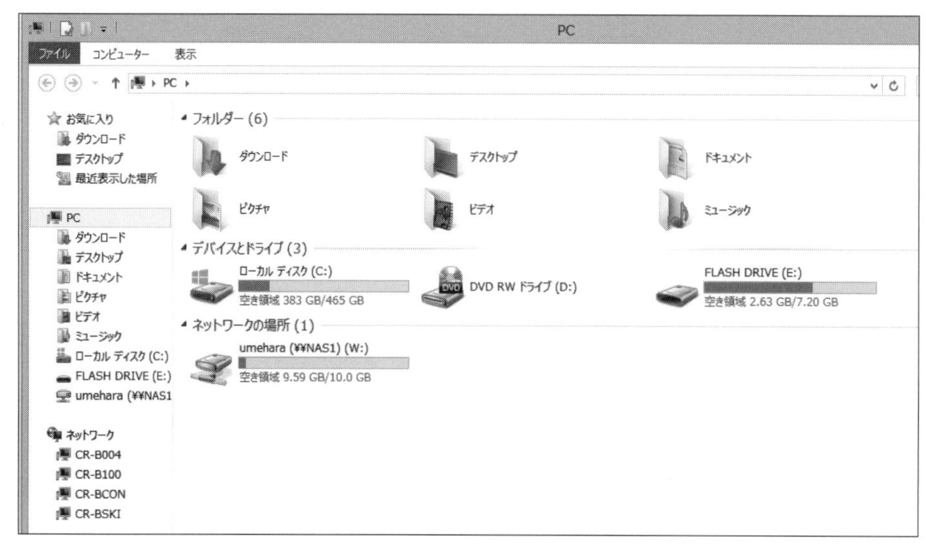

[2]コンピュータ名の「CR-B100」をクリック

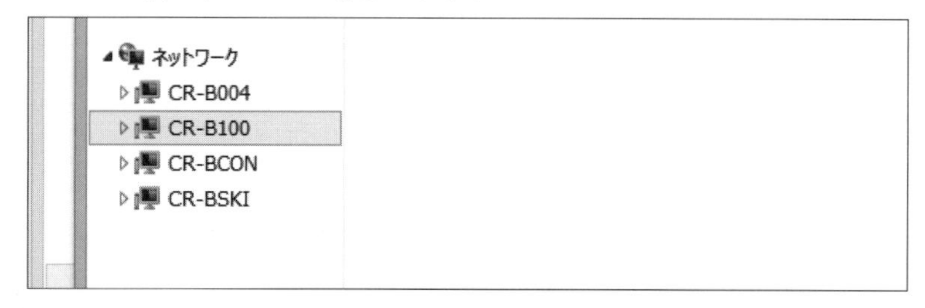

[3]共有フォルダ「fuji」の表示

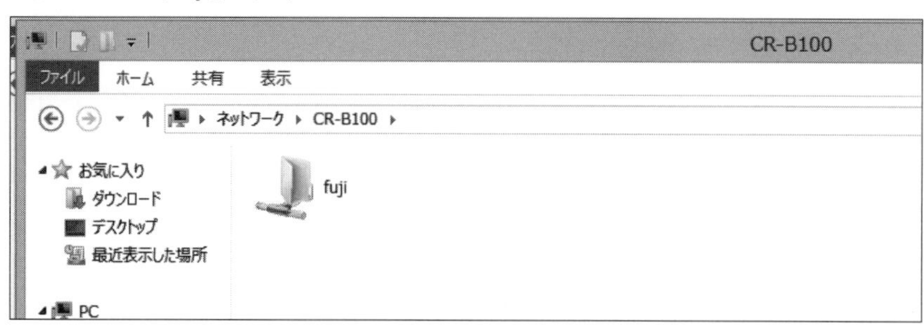

[4]「fuji」をクリック

「fuji」をクリックすると、次の画面が表示され、フォルダが開けない。

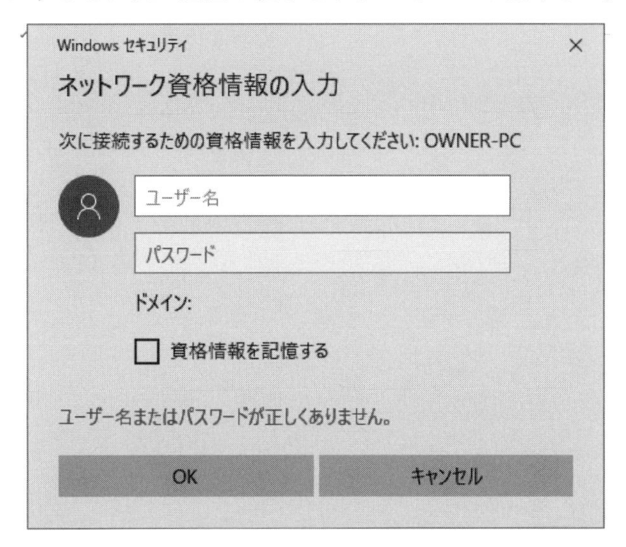

この画面が表示されるのは、相手方のコンピュータの共有設定が他人からのアクセスを制限しているからである。相手方のコンピュータの共有制限を外す措置が必要となる。

[5]相手方のコンピュータの共有制限を外す措置

相手方のコンピュータの共有制限を外す措置を見てみよう。

①Windows画面の右端下部にある「インターネットアクセス」のアイコンを右クリック。

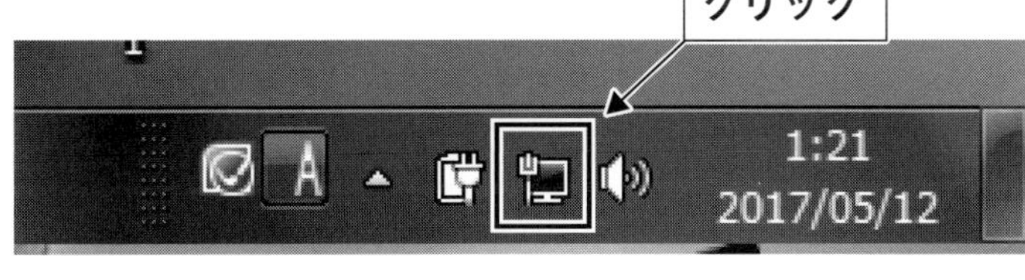

②「ネットワークと共有センターを開く」をクリック。

③「ネットワークと共有設定」の画面が表示されるので、左端の「共有の詳細設定の変更」をクリック。

※別の方法として、「スタート・ボタン」を右クリック後、「設定」をクリックし、さらに「ネットワークとインターネット」をクリックし、「ネットワークと共有設定」を出す方法もある。

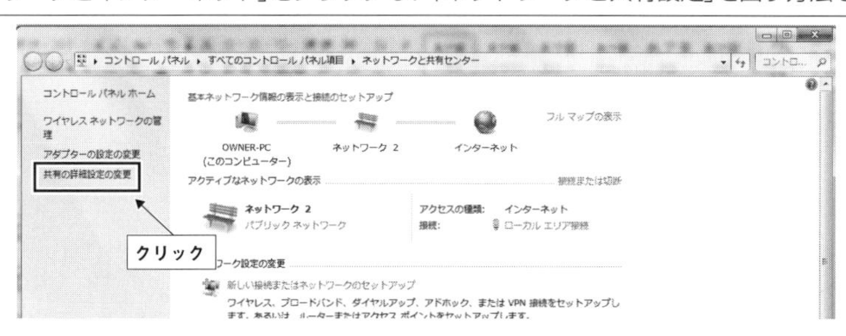

④画面下部にスクロールし、「パスワードの保護共有」の項目を表示する。
もし、この項目が表示されない場合は、「すべてのネットワーク」の左端アイコンをクリックし、表示させる。

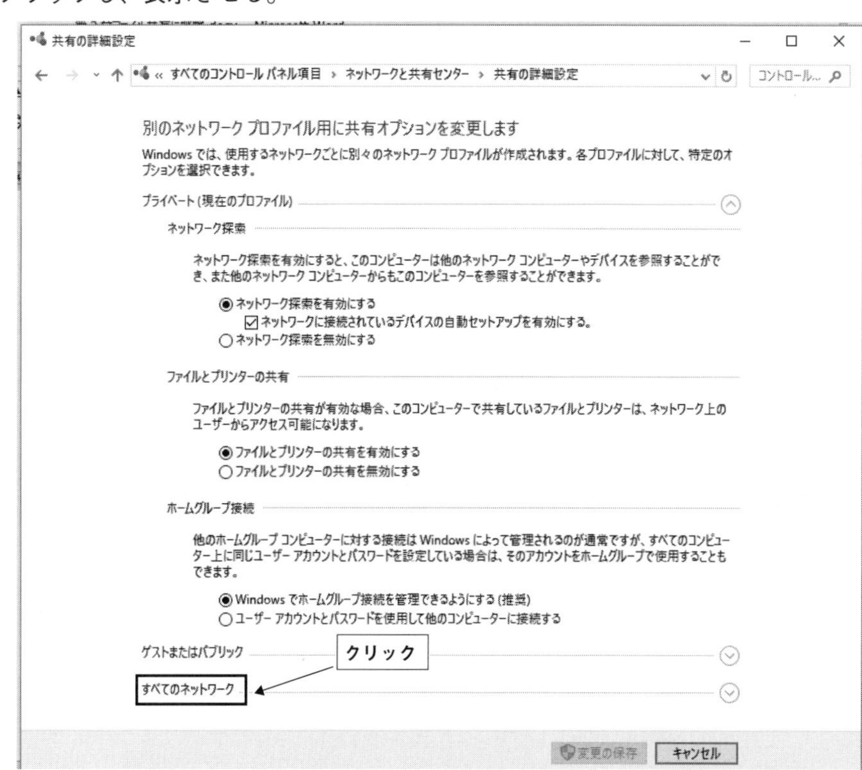

画面は次のようになる。

⑤画面の「パスワード保護の共有を無効にする」をクリックし、「変更の保存」をクリック。

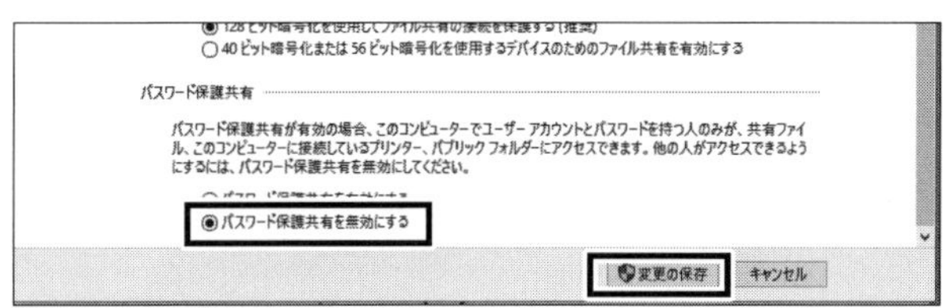

⑥　再度、「エクスプローラ」、「ネットワーク」をクリック。

さらに「コンピュータ名」をクリックすると、共有制限が外されたので、ファイル「sample01」が表示される。

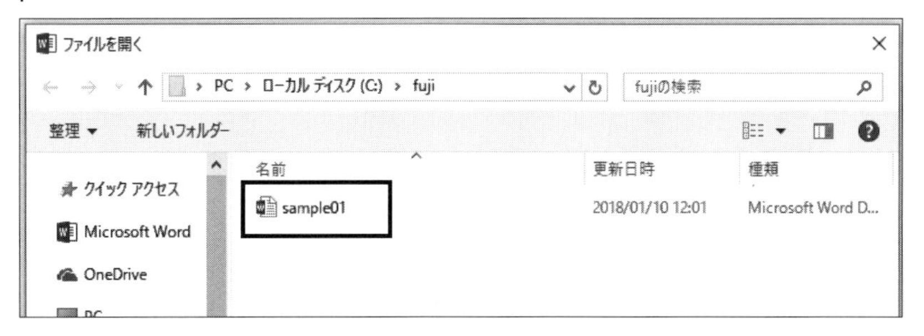

画面のファイル「sample01」をクリック。

相手方のワード文章を読み書きすることができる。

2-3 「共有フォルダ」にアクセス②

次に、コマンドラインからファイル共有の仕方を見てみょう。

一般ユーザーにとってWindowsの操作や設定はGUI環境で行なうが、ネットワーク管理者は同じ処理をコマンドラインからよく行なう。

作業内容によってはGUIのツールを使うよりもコマンドラインのほうが便利なときがある。

*

ここで、コマンドラインを使ってファイル共有処理を行なってみよう。

当初、共有フォルダ「fuji」を作り、そこにファイル「sample01」を保存する操作は、「**2-1節**」と同じである。

---

[1]「コマンドプロンプト」の起動

「コマンドライン」から「ファイル共有」をするため、「コマンドプロンプト」を起動させる。

スタート・ボタン→すべてのアプリ→Windowsシステム→コマンドプロンプト

「コマンドプロンプト画面」が表示される。

[2]「net use」コマンドの使用

ファイルの共有や使用の設定、管理を「コマンドプロンプト」で行なうには、多くの「netコマンド」のうち、「net use」コマンドを使う。

①「net use」コマンドの使い方は、「net use」コマンドの後ろに相手の「IPアドレス」を、次のように入力する。

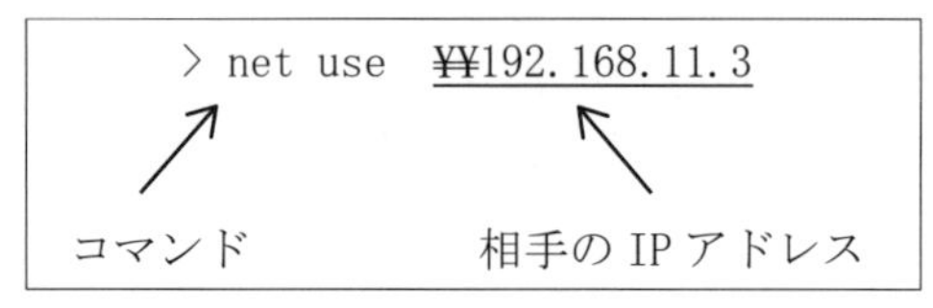

※ 「IPアドレス」の代わりに、「コンピュータ名」でもよい

＊

②では、実際にコマンドラインから打ち込んでみよう。

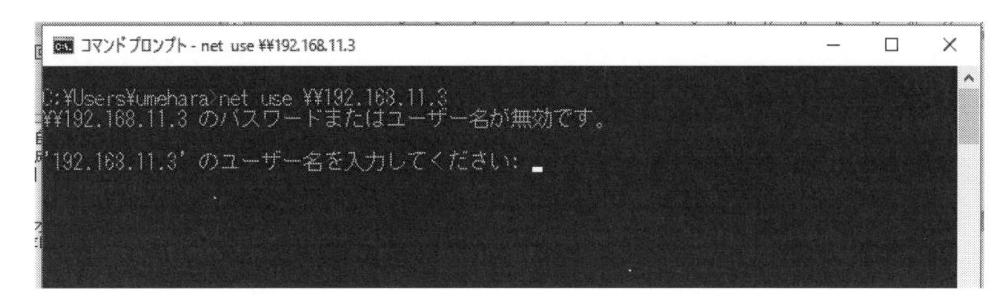

“「net use」コマンドは無効となっている”という表示が出る。

③この場合、「2-2節」の[5]で述べた「アクセス制限」の措置を「無効」にする。

外したのち、再度「net use」コマンドを実行する。

「net use」コマンドが正常に機能したことが表示されている。

[3] startコマンドの使用

①実際に、相手のコンピュータにある「共有フォルダ」に入るため、さらに「startボタン」と相手方の「IPアドレス」を打つ。

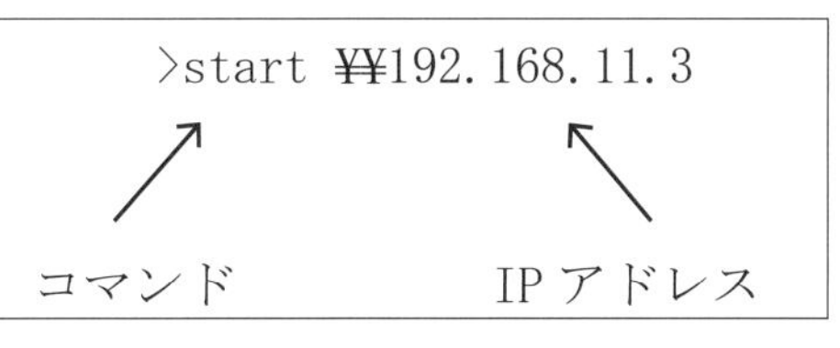

※ 「IPアドレス」の代わりに、「コンピュータ名」でもよい

②では、実際にコマンドラインから打ち込んでみよう。

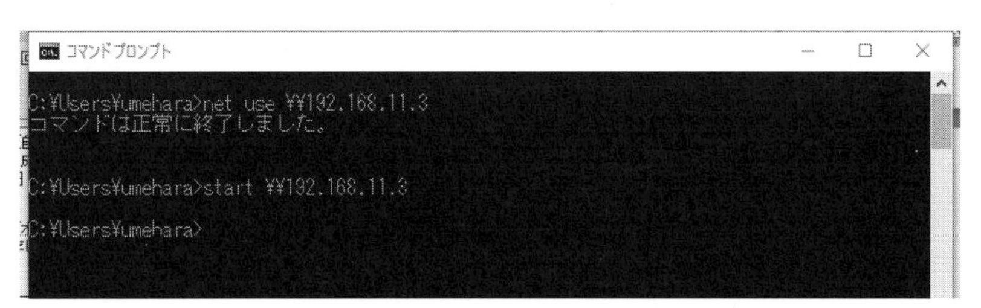

瞬時に、相手方のコンピュータの「C ドライブ」にある共有フォルダ「fuji」が表示される。

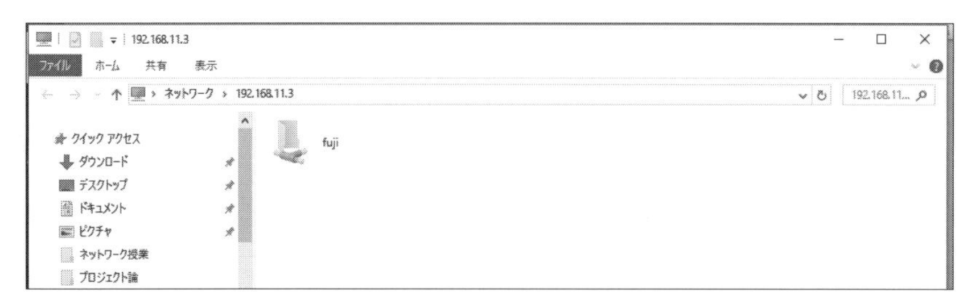

③このフォルダをダブルクリックする。

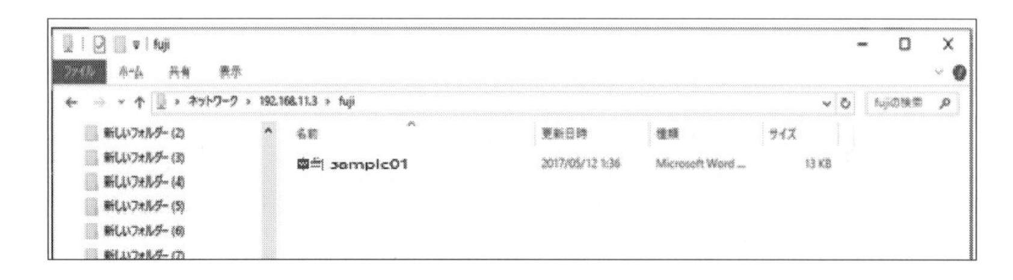

ファイル「sample01」が表示されるので、これをダブルクリックする。

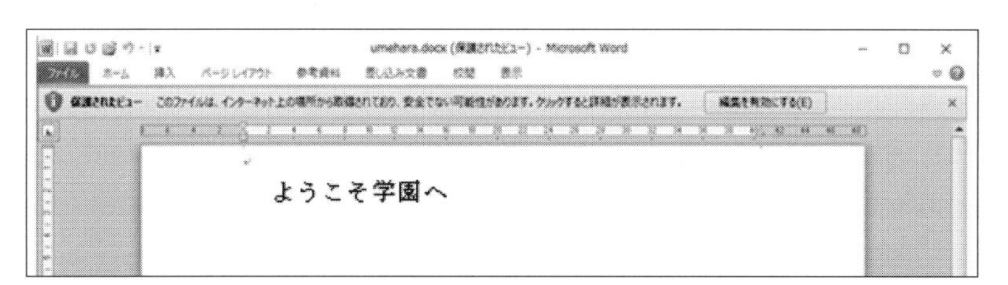

ファイルの内容を読み、さらには編集が共有できる。

2-4 「ファイル共有設定」での注意

ソフト開発において、「ファイルの共有設定」は必要不可欠の措置である。

しかし、「ファイル共有設定」には大きな危険がある。

コンピュータが会社内だけで使われているイントラネットの場合なら問題ないが、インターネットにつながっている場合には、特に注意が必要である。

*

「共有設定したフォルダ」を「感染経路」とする「ウイルス」はインターネット上に数多く存在するからである（過去には「nimda」が有名）。

したがって、不必要な「共有フォルダ」の設定や利用は、企業内のセキュリティレベルを低下させる要因となるのでやめることが望ましい。

そのためには、本章の**「2-2」節**の**「共有設定の解除」を「無効」**にすることである。

インターネットとつながった外部とのファイルの共有には、より安全性の高い専用の「ファイル共有サービス」である「クラウド」を利用することを薦める。

「ファイル共有サービス」とは、インターネット上の「サーバ」に「ドキュメント」や「画像」「動画」「音声」などのファイルを置くことによって、インターネットを通じてどこからでもアクセスできたり、他のユーザーと共有できるサービスのことである。

*

次章では、この専用の「ファイル共有サービス」として、「Dropbox」を紹介する。

第3章

「クラウド」に挑戦

最近、注目されているネットワークサービスとして「クラウド」がある。

よく、教員やビジネスマンが学校や会社で使っているデータをUSBで家に持ち帰り、紛失や盗まれて問題になることが多い。

このような危険を避けるために利用できるのが「クラウド」である。

簡単に言うと、ファイルを自分のコンピュータや携帯端末などではなく、インターネット上に保存する使い方、サービスのことである。

使い方も多く、「自宅」「会社」「ネットカフェ」「学校」「図書館」「外出先」など、さまざまな環境の「コンピュータ」や「携帯電話」(主にスマートフォン)からでも「ファイル」を「閲覧」「編集」「アップロード」できるメリットをもっている。

本章では、多くの「クラウド・サービス」から「Dropbox」を紹介する。

3-1 「Dropbox」のダウンロード

最初に、仕事先で使っているコンピュータに「Dropbox」をダウンロードしよう。

[1] Googleを開き「Dropbox」を入力

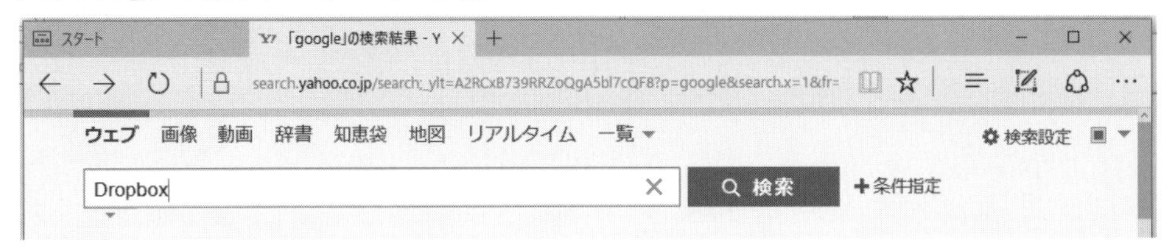

[2] 画面の項目から「インストール」を選択

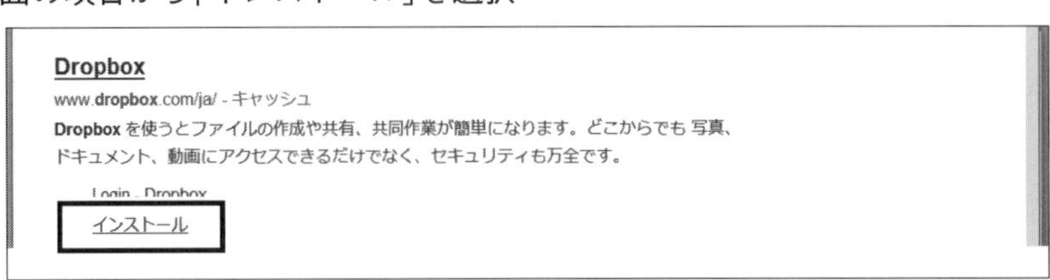

[3]画面の「Dropbox をダウンロード」をクリック

[4]「名前を付けて保存」をクリック

[5]保存先をデスクトップにし、保存をクリック

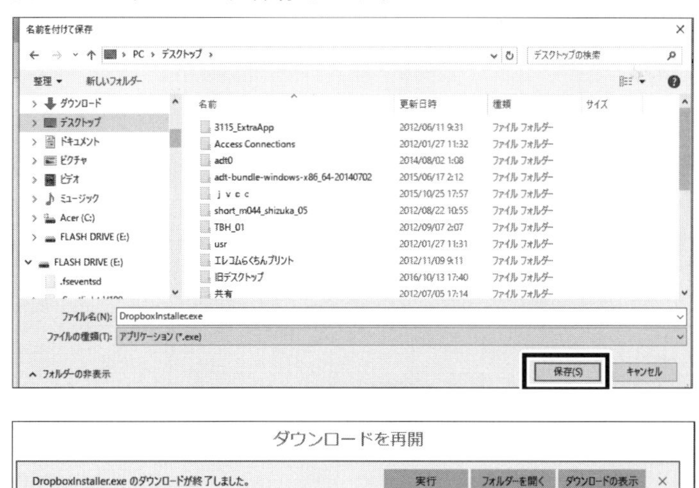

デスクトップ画面に「Dropbox」のアイコンが表示される。

[6]「実行ボタン」をクリックするか、デスクトップにある「Dropbox」アイコンをダブルクリック

[7] Dropboxを設定するため「アカウント」の登録

インストールが終わると、Dropboxを設定する画面が表示される。
ここで、アカウント設定のため3つの選択から1つを選ぶ。

(イ)「Googleでログイン」を選択 すでにGoogleアカウントを保有している人がこれを選択する。 **(ロ) Googleアカウントを自分のアドレスで登録している人** 登録している自分のメールアドレスとパスワードを入力する。 **(ハ)新規にアカウントを作成する人** 画面したの「登録」をクリックし、アカウントを新たに登録する。

すでにアカウントは登録しているので、「ログイン」をクリック。

[8]「Googleでログインする」をクリック。

[9]「梅原嘉介」をクリック。

[10]許可画面が表示されるので「許可」をクリック。

[11] 画面でアカウントを登録(登録している人はこの画面はでない)し、「登録」をクリック。

[12] Dropboxのインストールが完了したので、「自分のDropboxを開く」をクリック

[13]画面の「スタートガイド」をクリック。

[14]スタートガイド画面が次々と表示され、最後のスタートガイド画面の「完了」をクリック。

エクスプローラ画面に「Dropbox」フォルダが自動的に作成される。

3-2 「Dropbox」でファイル共有

「クラウドサービス」として「Dropbox」を使い、ネットワーク上でファイルを他の人と共有してみよう。

[1]「Dropbox」にフォルダ「cjc」を作成

[2] このフォルダにファイルを保存

ファイルは各自ワードで作成し、保存する。

[3] 共有したいファイルの「第3章クラウドサービス」を右クリック後、「Dropbox リンクをコピー」をクリック

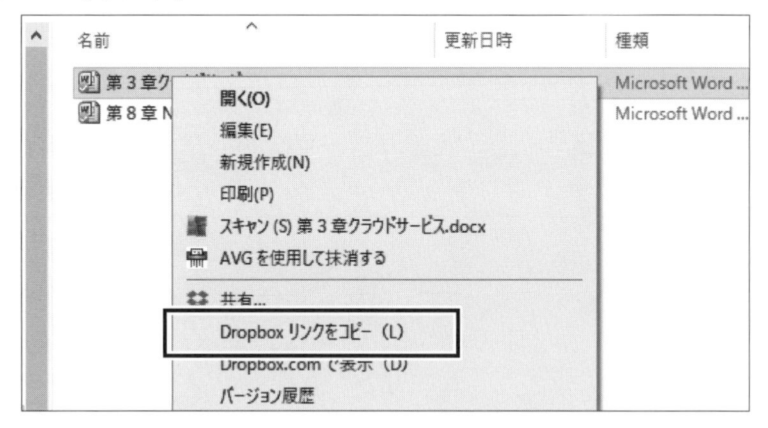

「Dropbox リンクをコピー」をクリックすると、画面右下に次のような表示が出る。

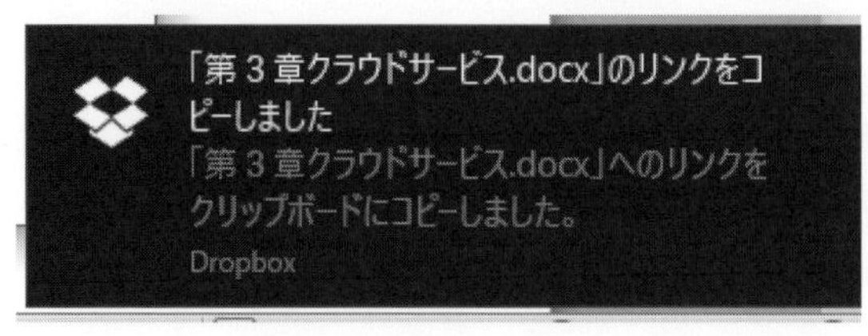

「Dropboxリンクを共有」を選択するとリンクがクリップボードにコピーされる。それをメールやFacebookなどにペーストし送れば、第3章の「ファイル共有」ができることになる。

[4] ここでメールを開き、共有したい人のメールアドレスを入力

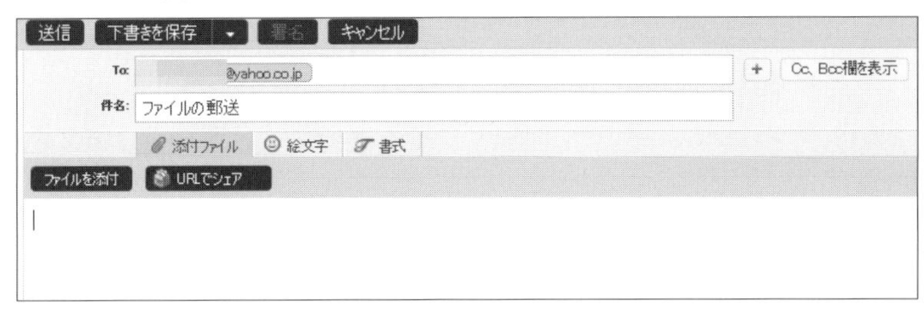

[5] 続いて、メールの本文の個所で右クリックし、貼り付けをクリック

送信 下書きを保存 署名 キャンセル 01:08 に下書きフォルダーに自動保存されました。
To: @yahoo.co.jp
件名: ファイルの郵送
添付ファイル 絵文字 書式
ファイルを添付 URLでシェア
元に戻す(U)
切り取り(T)
コピー(C)
貼り付け(P)
削除(D)

[6] ファイルが保存されているネット上にあるDropboxのアドレスが表示される

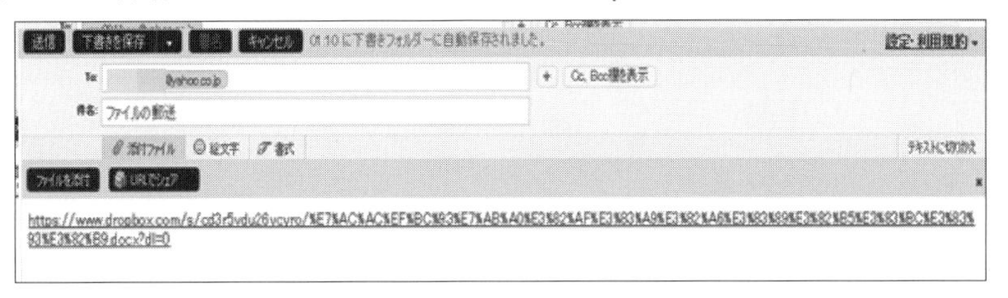

[7] 「送信」ボタンをクリック

実際に、第3章のファイルが送られたかをチェックしよう。

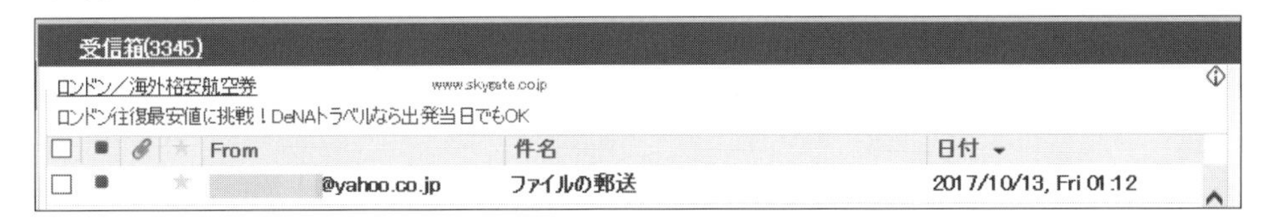

[8] メールを開く

受信箱(3345)

ロンドン／海外格安航空券 www.skygate.co.jp

ロンドン往復最安値に挑戦！DeNAトラベルなら出発当日でもOK

				From	件名	日付 ▾
□	■		★	@yahoo.co.jp	ファイルの郵送	2017/10/13, Fri 01:12

ファイルが郵送されたことが表示されている。

これをクリックし、さらに表示されたアドレスをクリックすると、ファイルの内容が表示される。

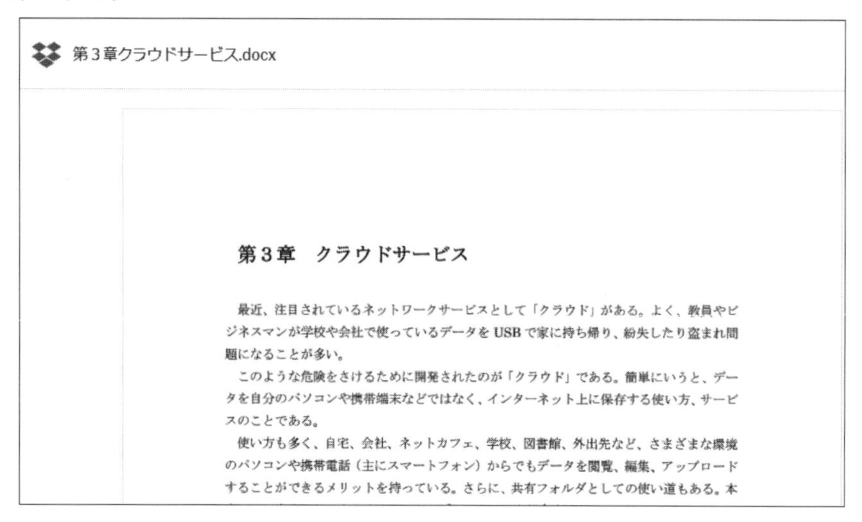

第３章クラウドサービス.docx

第３章　クラウドサービス

最近、注目されているネットワークサービスとして「クラウド」がある。よく、教員やビジネスマンが学校や会社で使っているデータを USB で家に持ち帰り、紛失したり盗まれ問題になることが多い。

このような危険をさけるために開発されたのが「クラウド」である。簡単にいうと、データを自分のパソコンや携帯端末などではなく、インターネット上に保存する使い方、サービスのことである。

使い方も多く、自宅、会社、ネットカフェ、学校、図書館、外出先など、さまざまな環境のパソコンや携帯電話（主にスマートフォン）からでもデータを閲覧、編集、アップロードすることができるメリットを持っている。さらに、共有フォルダとしての使い道もある。本

このファイルを、編集加工して、保存すれば、場所や時間に関係なく共同作業が効率的にできる。

3-3　「USBメモリ」の代わりに「Dropbox」を使う

筆者たちがよく使う「Dropbox」を「USBメモリ」代わりに使うケースを見てみよう。

＊

職場で作ったファイルを「Dropbox」に保存すれば、「USBメモリ」でファイルを保存して持ち歩かなくてすむ。

自宅のパソコンに、同じアカウントで「Dropbox」をダウンロードすれば、ファイルを自宅から呼び出すことができる。

この処理をすれば、どこからでもファイルを、編集加工できる。

＊

そのためには、自宅の「コンピュータ」にも同じようにDropboxをダウンロードしよう。

---

[1]「Dropbox」をダウンロード

自宅の「コンピュータ」に仕事先の「コンピュータ」で行ったDropboxのダウンロードを実施する（**3-1節**参照）。

[2]ダウンロード後の画面表示

Dropboxのフォルダと保存されている中身が表示される。

[3]フォルダcjcをダブルクリック

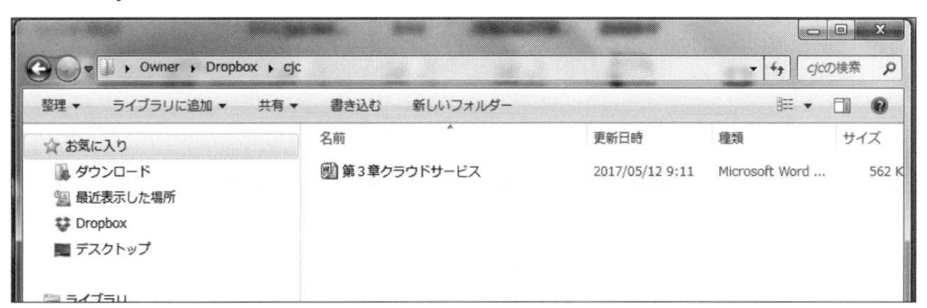

ワードで作った「ファイル名」が表示される。

これをダブルクリックする。

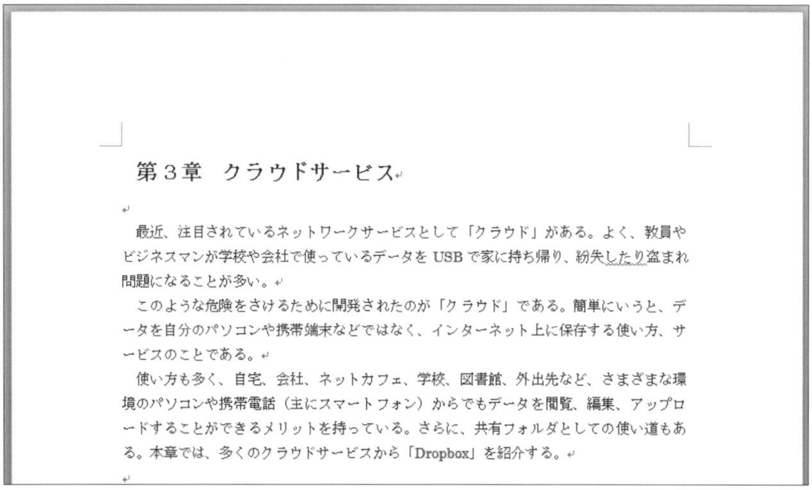

第３章　クラウドサービス

最近、注目されているネットワークサービスとして「クラウド」がある。よく、教員やビジネスマンが学校や会社で使っているデータを USB で家に持ち帰り、紛失したり盗まれ問題になることが多い。

このような危険をさけるために開発されたのが「クラウド」である。簡単にいうと、データを自分のパソコンや携帯端末などではなく、インターネット上に保存する使い方、サービスのことである。

使い方も多く、自宅、会社、ネットカフェ、学校、図書館、外出先など、さまざまな環境のパソコンや携帯電話（主にスマートフォン）からでもデータを閲覧、編集、アップロードすることができるメリットを持っている。さらに、共有フォルダとしての使い道もある。本章では、多くのクラウドサービスから「Dropbox」を紹介する。

[4] 文章の追加訂正

自宅の「コンピュータ」で、この文章を追加し、訂正してみよう。

たとえば、タイトルを「第3章　クラウドサービスの使い方」と訂正して、保存しよう。

この「訂正文」はこの「Dropbox」に同一のアカウントで利用している人に知らせることができる。

このように「Dropbox」を使えば、「USBメモリ」を持ち運ばずに、ネット上で自由自在に作業が可能となる。

第4章

「TeamViewer」に挑戦

ネットワークにつながっているコンピュータ同士が相互にファイルを交換したり、自宅やオフィスから他のコンピュータを遠隔操作したりする機能をもつソフトが、「TeamViewer」である。

この機能を使いこなすと、より一層ネットワークを効率的に活用できる。

*

最初に、「TeamViewer」の「ダウンロード」から見ていこう。

4-1 「TeamViewer」のダウンロード(自分用)

「TeamViewer」のダウンロードの手順を見てみよう。

[1] yahoo画面のURLに「TeamViewer」と入力

[2] 画面の「TeamViewer」の「ダウンロード」をクリック

[3]画面下の「TeamViewerのダウンロード」をクリック

[4]実行と保存など聞いてくるので「保存」をクリック

downloadus2.teamviewer.com から TeamViewer_Setup_ja.exe (12.5 MB) を実行または保存しますか?　実行(R)　保存(S)　キャンセル(C)

[5]「名前を付けて保存」をクリック

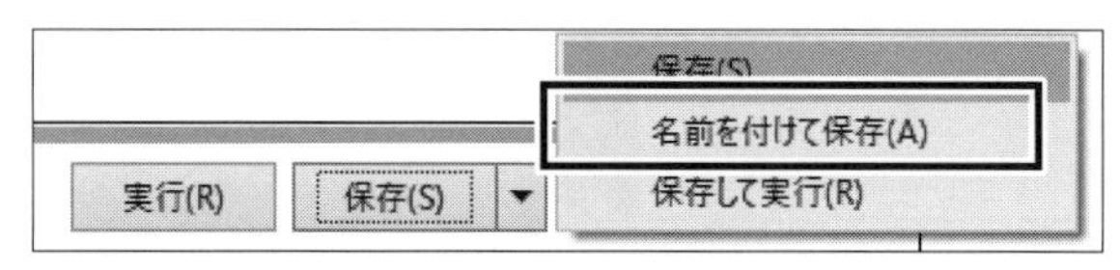

[6]保存先をデスクトップにし、「保存」をクリック

瞬時にダウンロードが終わり、次の画面が表示される。

TeamViewer_Setup_ja.exe のダウンロードが完了しました。　実行(R)　フォルダーを開く(P)　ダウンロードの表示(V)　×

「実行」を押すと、「TeamViewer」のセットアップが始まるが、ここではデスクトップ画面に「TeamViewer」がダウンロードされたかを確かめる。

デスクトップ画面に「TeamViewer」のアイコンが表示され、「TeamViewer」がダウンロードされた。

[7] このデスクトップ画面のTeamViewerをダブルクリック

必要な項目にチェックを入れ、「同意する-終了」をクリックする。

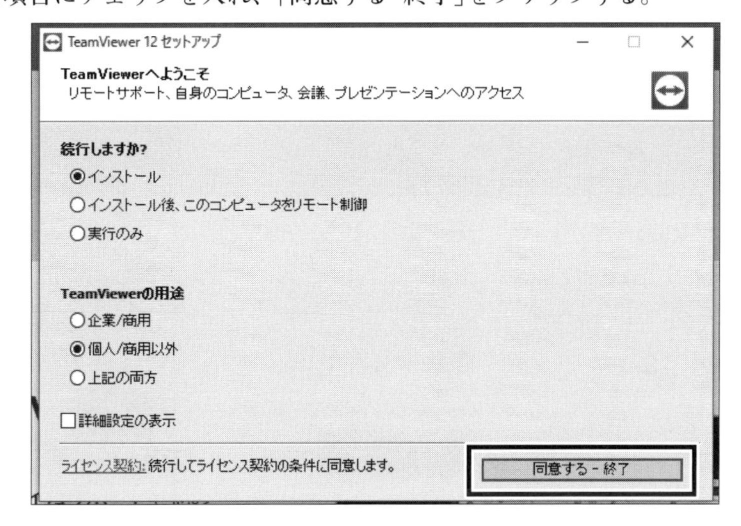

「TeamViewer 12」のセットアップが始まる。

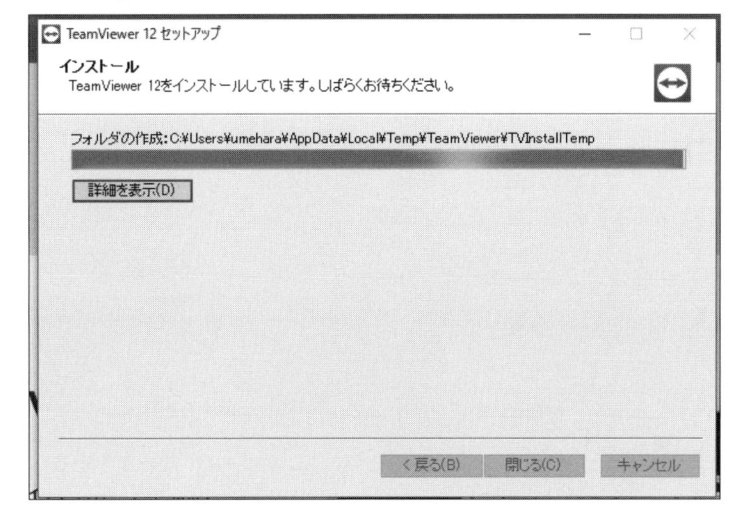

[8] セットアップが終わると、説明画面が表示されるので、「終了」ボタンをクリック

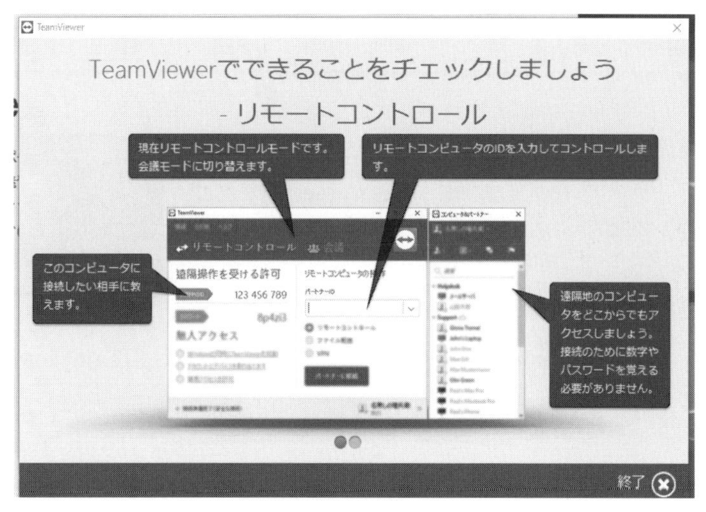

「TeamViewer」の初期画面が表示される。

各自「使用中のID」と「パスワード」を確認する。

4-2 TeamViewerのダウンロード(相手側)

[1]相手側も「4-1節」と同じ手順を行ない、「TeamViewer」をダウンロードする。

[2]次のような相手側の「TeamViewer」画面を作る。

[3]「使用中のID」と「パスワード」を確認する。

4-3 遠隔操作

自分から相手のコンピュータを遠隔操作してみよう。

[1]自分のコンピュータの「リモートコンピュータの操作」の個所にある「パートナーID」に、「操作したい相手のID」を入力後、「パートナーに接続」をクリック

[2]「パスワード」を聞いてくるので、「相手側のパスワード」を打ち込み後、「ログイン」をクリック

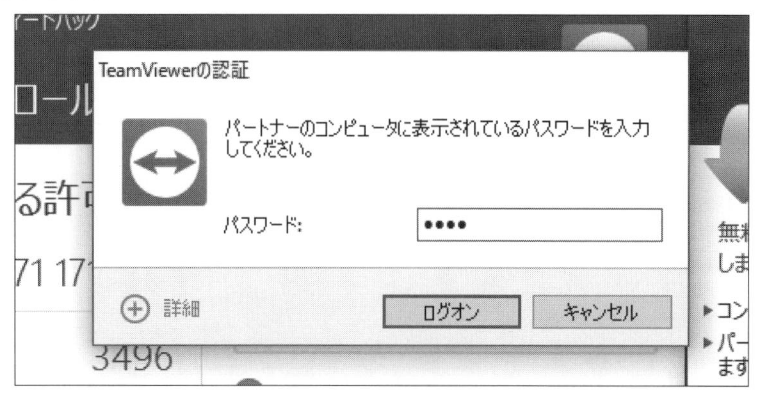

瞬時に、「相手側のコンピュータ画面」が表示される。

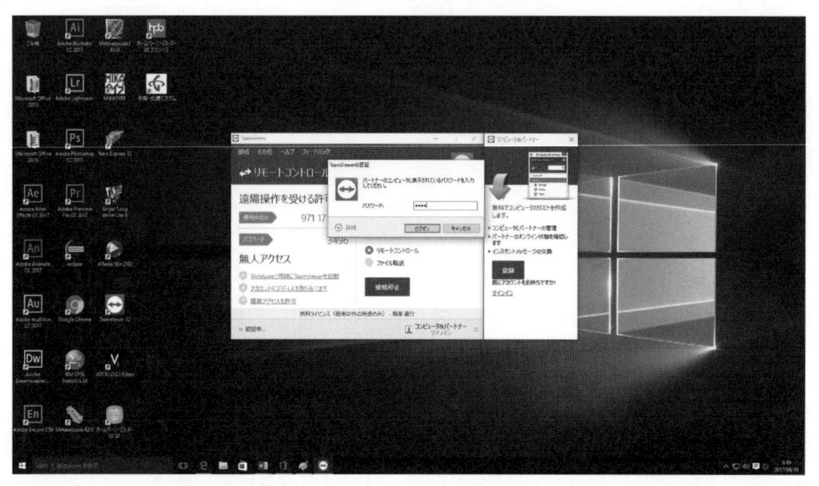

[3]相手のワード画面を開く

「相手のコンピュータB」にある「フォルダ cji」にあるファイル「hello」をクリックする。

※「相手のコンピュータB」には、すでに「フォルダcji」が作られており、その中に「ようこそ日本へ」とワードで書かれたファイル「Hello」が保存済みとする。

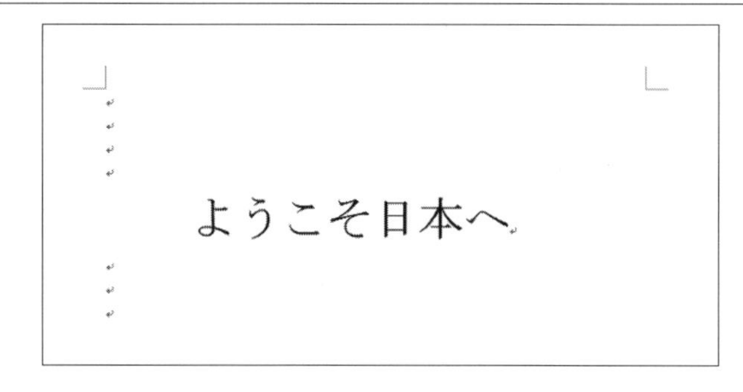

相手のワード画面にあるファイルの中身が表示される。

[4]「ワード画面」へ文章の追加

「この相手のワード画面」に「学園大学」と文章を追加してみよう。

相手側の画面に追加した文字が書き込まれる。

このようにTeamViewerを使うと、相手のコンピュータをいとも簡単に操作ができる。

4-4 複数のコンピュータと遠隔操作

今まで「1対1」の「遠隔操作」の仕方を学んだが、ここではモデルを拡張し、「1対2」という「複数対象者」による「遠隔操作」を見てみよう。

[1] A,B,Cという3台のコンピュータに「TeamViewer」を組み込む

②「TeamViewer」を組み込んだコンピュータA

③「TeamViewer」を組み込んだ「コンピュータB」

③「TeamViewer」を組み込んだ「コンピュータC」

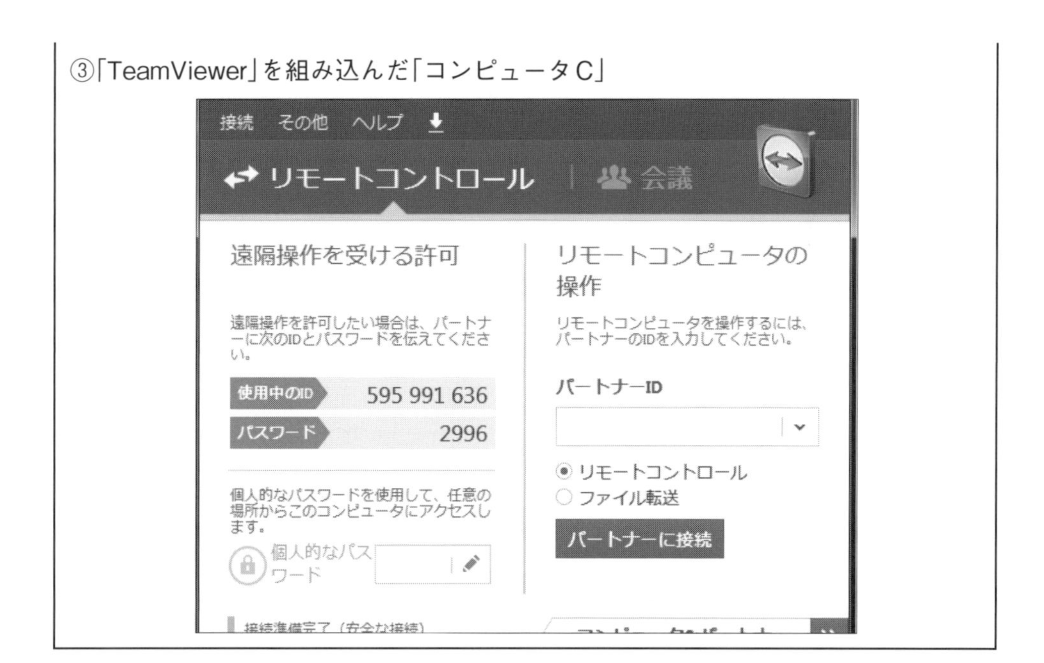

[2] A→Bへの遠隔操作

最初に、「コンピュータA」から「コンピュータB」を遠隔操作してみよう。

①「コンピュータA」に「コンピュータB」のパートナーIDを打ち込む

そのため、遠隔操作を行う「コンピュータA」の「TeamViewer」画面にある「パートナーID」の個所に、遠隔操作される「コンピュータB」の「パートナーID」を打ち込む。

②画面の「パートナー接続」をクリック後、「コンピュータB」の「パスワード」を入力

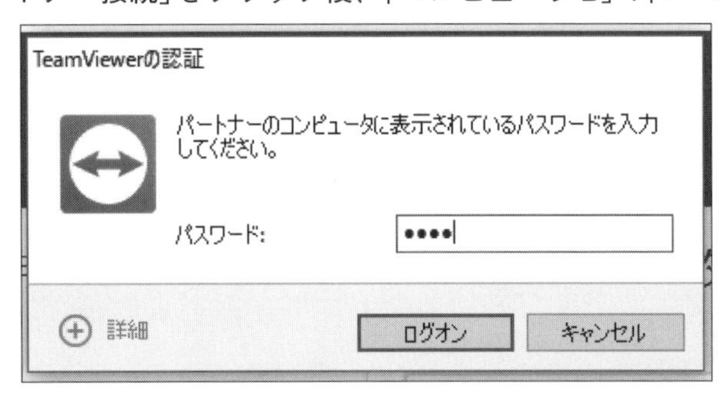

③「ログオン」をクリック

「ログオン」をクリックすると、遠隔操作する「コンピュータB」の画面が表示される。

ここまでは、1対1の説明と同じである。

[3] A→Cへの遠隔操作

次に、「コンピュータA」からもう1台の「コンピュータC」を遠隔操作しよう。

①そのため、画面の下部にある「TeamViewer」のアイコンをクリック

②「コンピュータA」の画面が表示されるので、「コンピュータC」のパートナーIDを入力後、「パートナーに接続」をクリック

③「パスワード」を入力

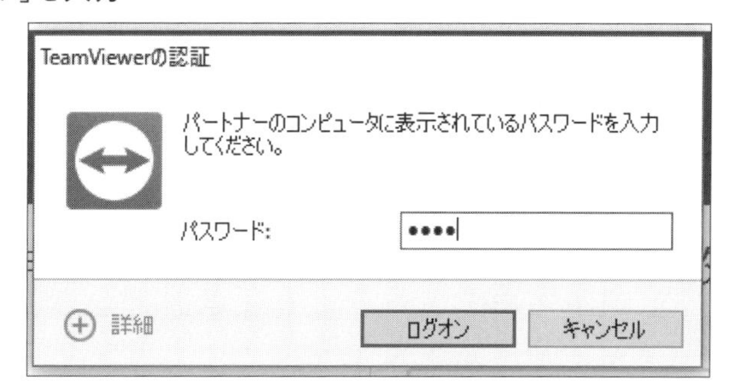

④「ログイン」をクリック

「ログイン」をクリックすると、「コンピュータC」の画面が表示される。

画面に「コンピュータC」の画面が表示されている。

Bの画面は見当たらない。「コンピュータB」の画面を見るには画面の切り替えが必要である。

切り替えるため、「コンピュータA」の左端上部にある個所を見てみよう。

2つの「コンピュータ」の「パートナーID」が表示されている。

今は、「コンピュータC」の画面のみが表示されている。

それは「パートナーID個所」の右側に水色の「星マーク」が付いていて、これが付いていると選択していることになる。

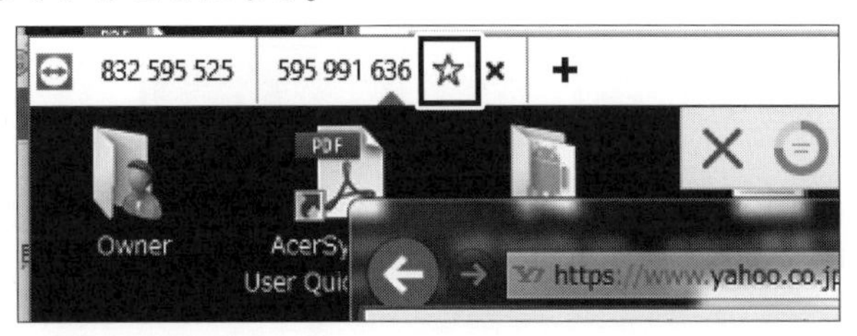

ここで、「パートナーID個所」を左側の「コンピュータID」に切り替えたとすると、「コンピュータB」の画面が表示される。

こんどは左側の「コンピュータID」の「右側」に「水色の星」が付いている。

このように、「パートナーID個所」を選択することで画面の切り替えができる。

次に、切り替えるのでなく、2つの画面を同時に表示してみよう。

[4]「コンピュータA」画面上に1つでなく、「B」「C」2つの画面を同時に表示

遠隔操作しやすいように、「コンピュータA」の画面上に「B」「C」の二つの画面を同時表示してみよう。

ここで、画面左の上端を見ると2つの「ID」が存在する。

このことは「A」のコンピュータには2つのコンピュータ画面が存在することを示している。

①「コンピュータB」のメニュー画面から「表示」をクリック

②出てくる画面から、「セッションをタブで表示」にチェックを入れる

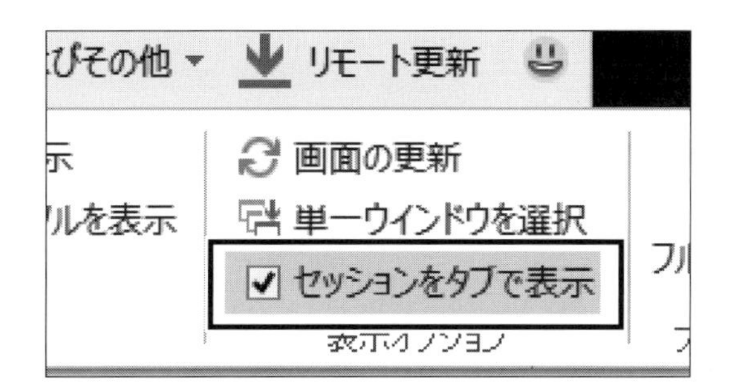

「コンピュータA」の画面にまず「コンピュータB」を表示させる。

そして、マウスを使い横画面を半分にする。

残りの部分に「コンピュータC」を同時に重ねないように表示したいからである。

次に、再度「TeamViewer」画面を呼び出し、「コンピュータC」のパートナーIDとパスワードを入力する。

画面に、「コンピュータC」の画面が大きく表示される。

そこで、「コンピュータC」の画面を右にマウスで徐々に引っ張っていくと、左側に微妙な「枠」が一瞬表示されるので、マウスを離す。2つの画面が重ならず表示される。

この2つの画面をみながら、遠隔操作をすることができる。

4-5 ファイル転送

ファイルの転送をする方法として、2つの方法を見てみよう。

[1]画面を使って「ファイル転送」する方法

最初に、画面を使いファイル転送する方法をみてみよう。

①「コンピュータA」画面にファイルデータを保存

「コンピュータA」はデスクトップに転送したいファイルデータ(業績一覧)を保存する。

②「コンピュータA画面」にあるファイルを「コンピュータB画面」のデスクトップに転送

「コンピュータA」にある「業績一覧」をマウスで引っ張り、「コンピュータB」へ置く。

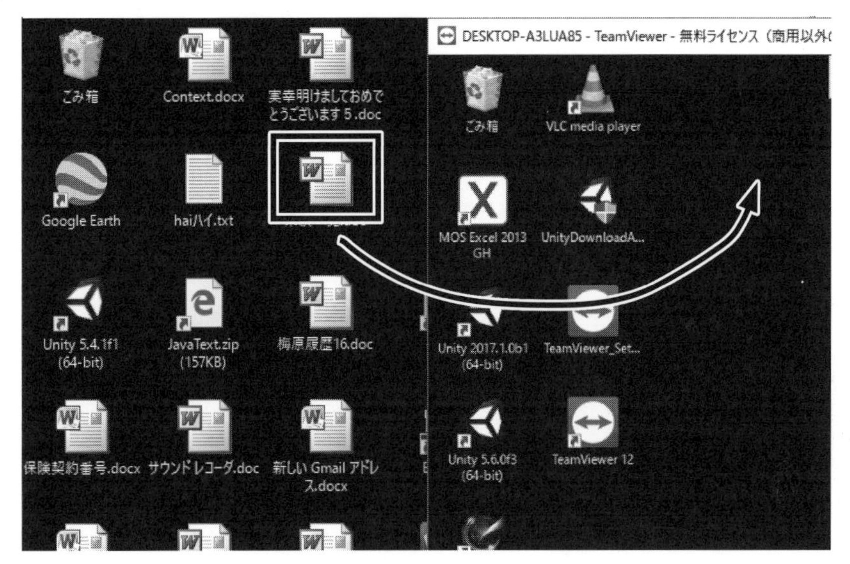

③「コンピュータB」に業績一覧の転送完了

「コンピュータB」の画面に業績一覧が転送された。

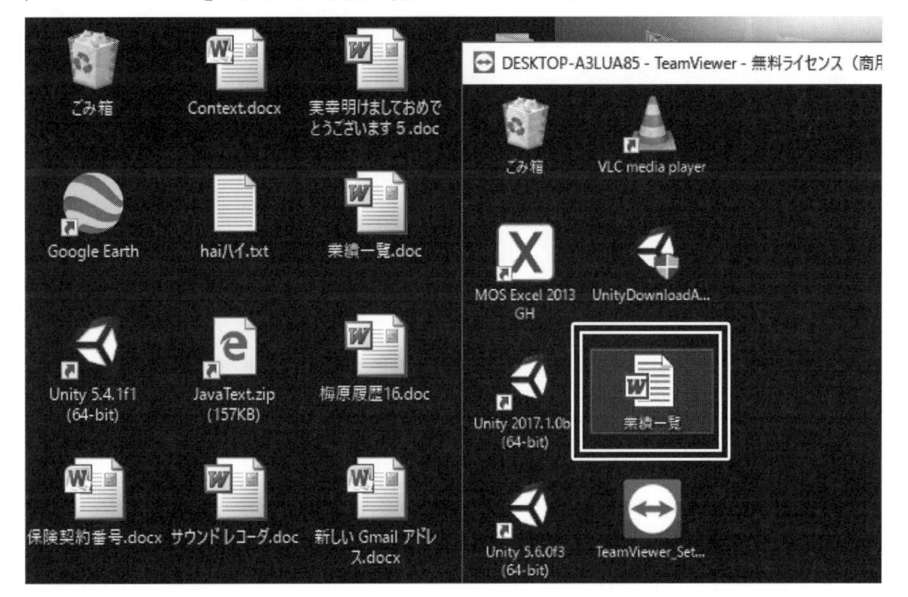

業績一覧をクリックすると一覧が表示され、転送が成功した。

業績一覧（梅原嘉介）

1 『国民所得の基礎理論』 昭和56年6月 文眞堂
2 『円高・金融自由化・税制改革の見方・考え方』 昭和62年9月 同文館
3 『コンピュータ経済学』 平成元年1月 日本評論社
4 『文科系の入門BASIC』 平成2年4月 日本評論社
5 『コンピュータによる現代マクロ経済学(上)』 平成3年6月 文眞堂
6 『コンピュータによる現代マクロ経済学(下)』 平成4年11月 文眞堂
7 『パソコンでゲームの理論』（共） 平成9年5月 日本評論社
8 『Visual BASIC 6.0』 平成11年9月 工学社
9 『Visual BASIC 6.0 応用編』 平成１２年１１月 工学社

10 『Webデーターベース構築入門』（共） 平成１３年１２月 工学社
11 『ネットワーク時代のウイルス対策入門』 平成１４年５月 工学社
12 『TCP/IPネットワーク構築入門』（共） 平成14年9月 工学社

このように、「TeamViewer」を使うとファイルの転送が簡単に行うことができる。それも海外などの離れた地域でも簡単にできる。

[2]「ファイル転送システム」を利用する

[1]のように「マウスドラッグ」で「ファイル」を「転送」するのでなく、「TeamViewer」の「ファイル転送システム」を使ってファイルを転送しよう。

①「TeamViewer」画面の「転送先のID」を入力後、「ファイル転送」をチェック

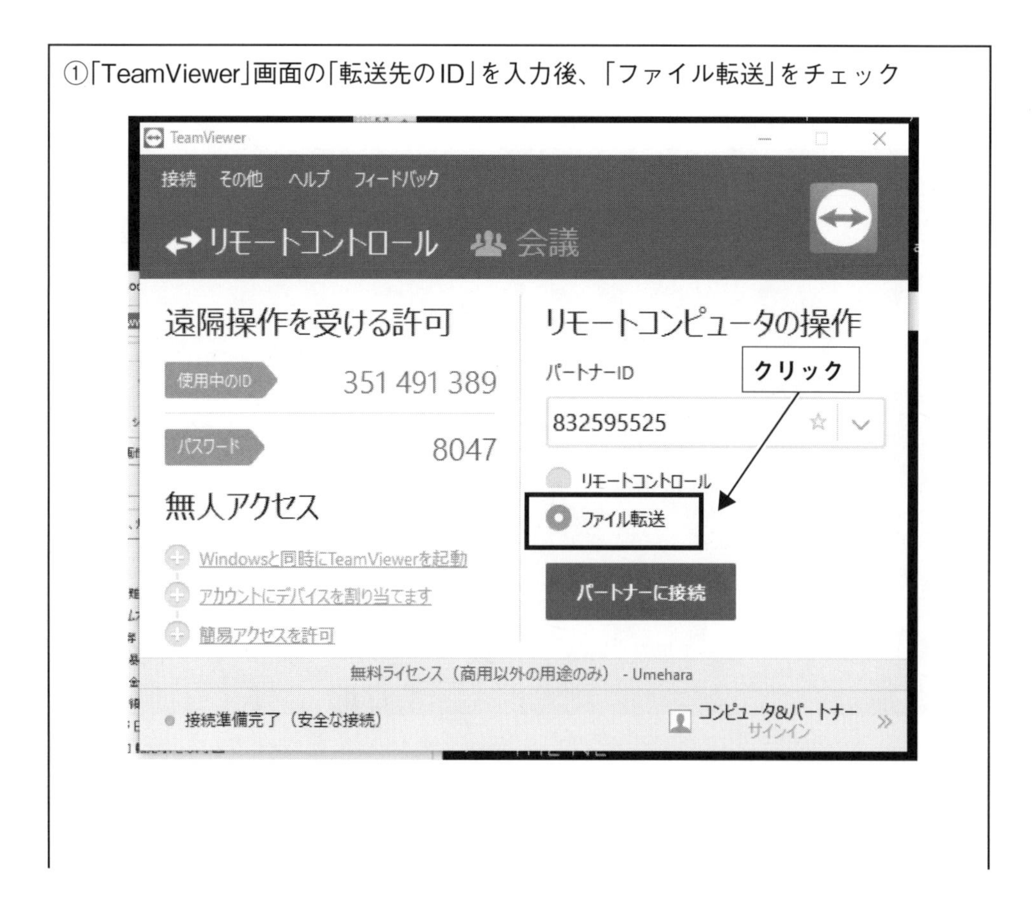

②「パートナーに接続」をクリック後、表示される画面に「パスワード」を入力

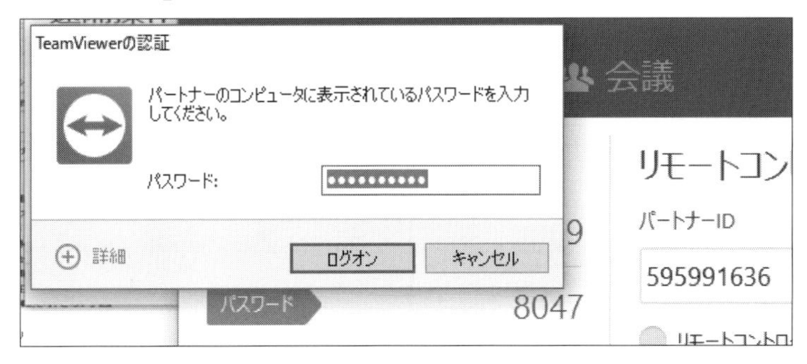

次のような「転送画面」が表示される。

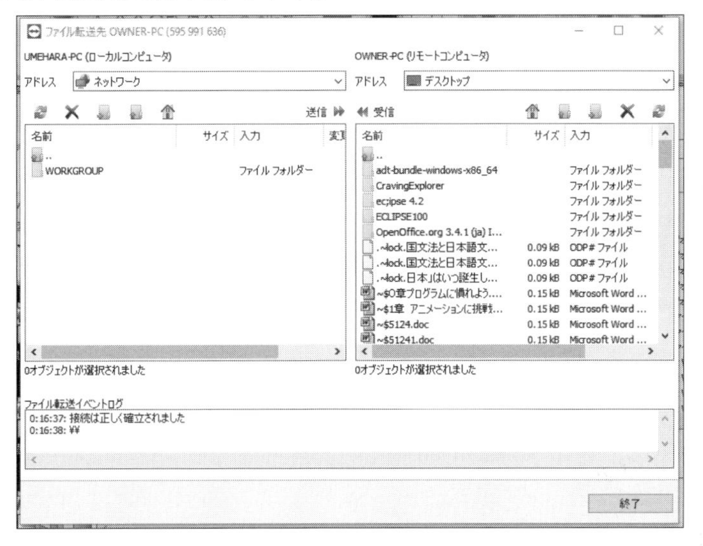

③「コンピュータA」の「umehara」にあるファイルを「パソコンB」に転送させるため、左側の「アドレス画面」から「フォルダumehara」を選択

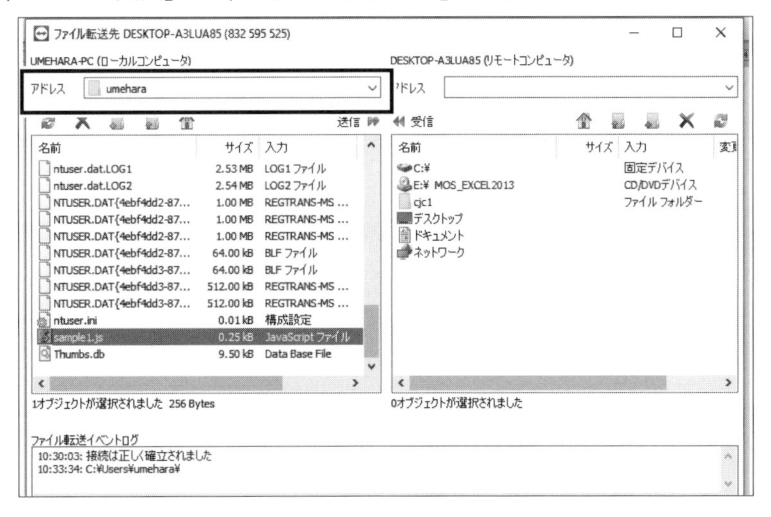

アドレスに「umehara」が表示され、同時に「フォルダにあるファイル一覧」が表示される。

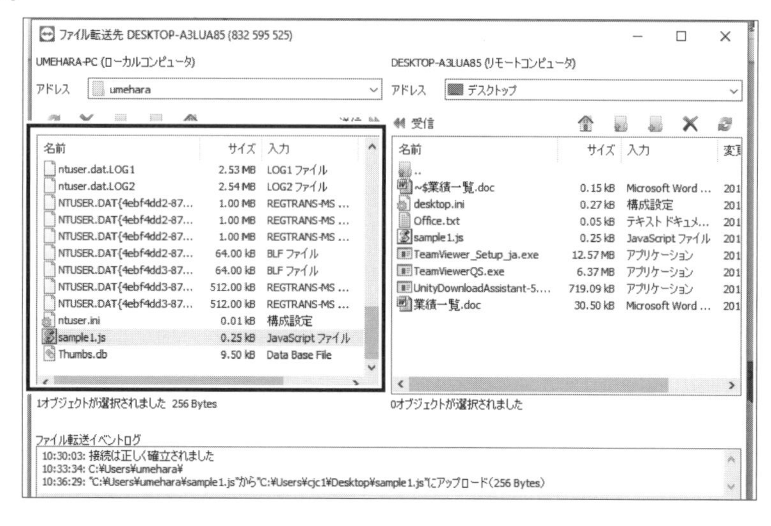

③転送先として「コンピュータB」のデスクトップとするため、右側のアドレスに、画面からデスクトップをクリック

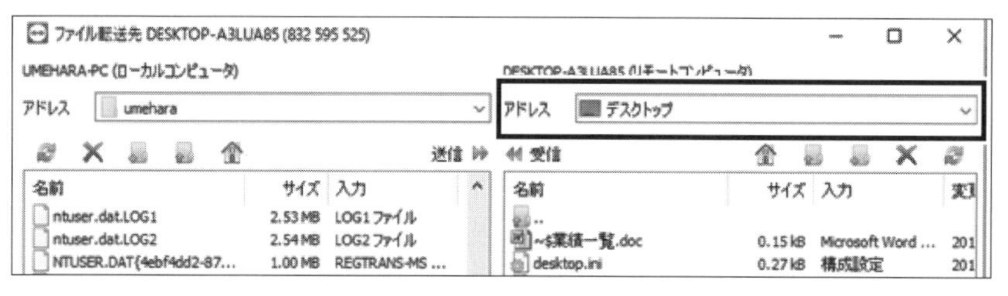

④転送したいファイル「sample1.js」を選択

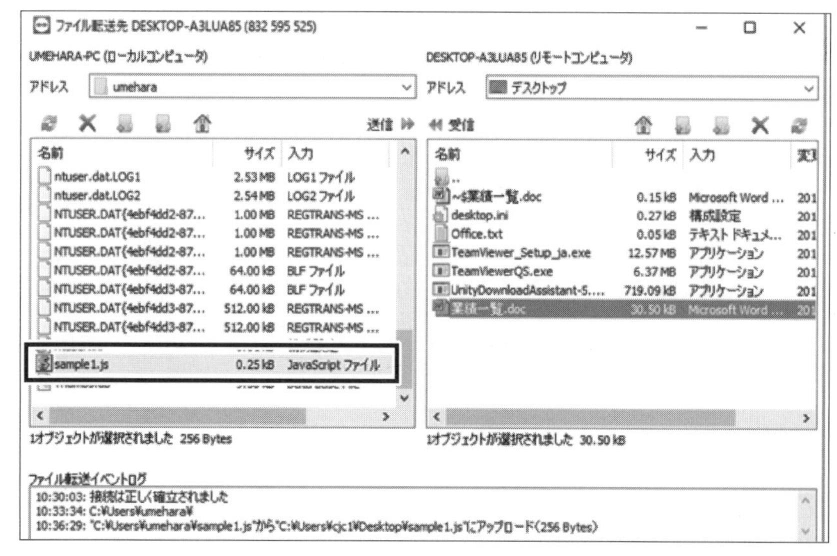

⑤「送信ボタン」をクリック

(A)画面の送信ボタンをクリックするか、(B)ファイル「sample1.js」を「コンピュータB」のデスクトップ画面に、マウスでドラッグする。

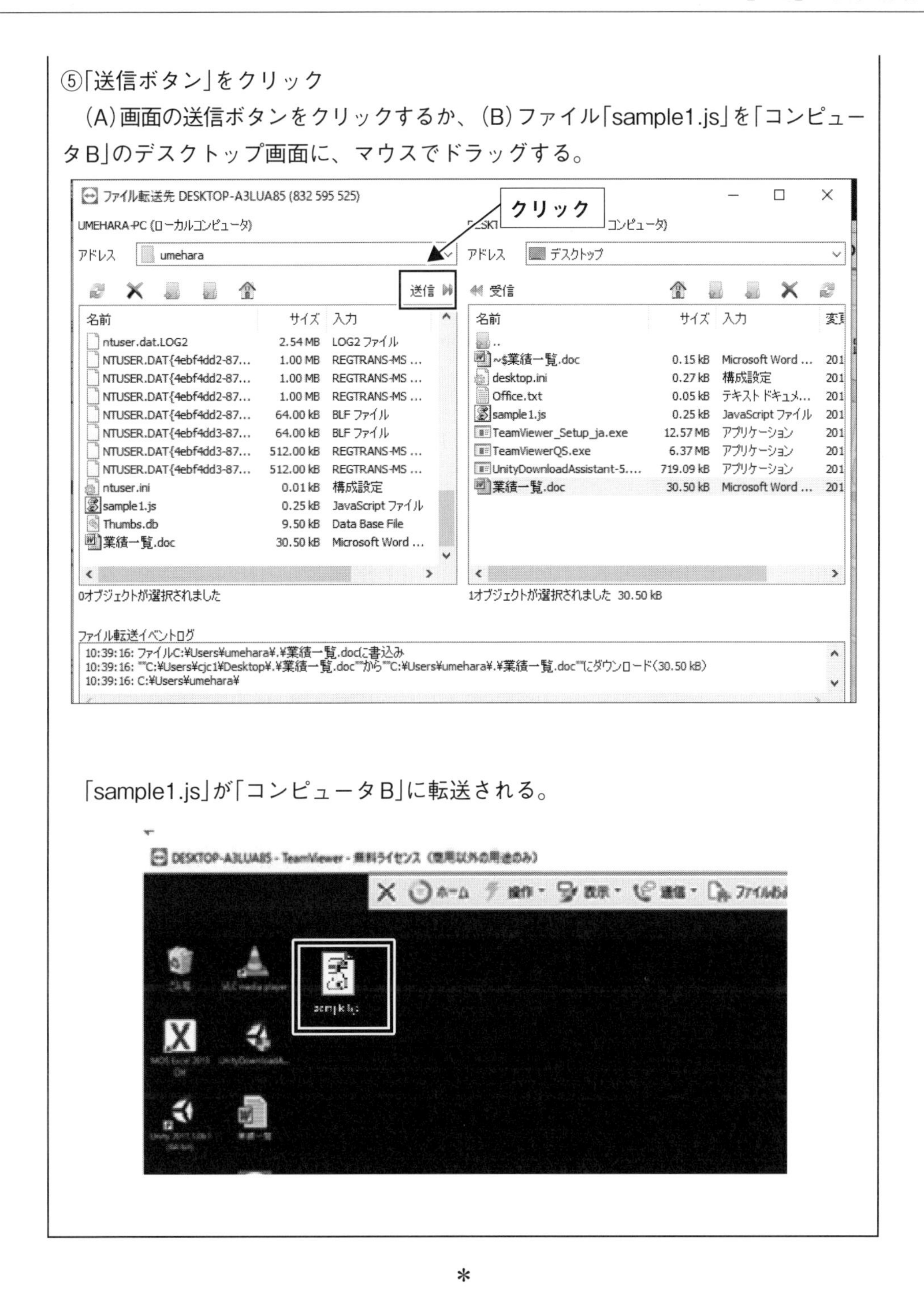

「sample1.js」が「コンピュータB」に転送される。

*

逆の、「BからAの転送」の場合は、「受信」ボタンをクリックする。

4-6 「スマートフォン」からコンピュータ操作

「コンピュータ」同士の遠隔操作の使い方を説明したので、次に、「スマートフォン」から「コンピュータ」を操作してみよう。

[1]「スマートフォン」から「コンピュータ」操作

「スマートフォン」から「コンピュータ」を遠隔操作してみよう。

①「Apple store」(あるいは「Play store」)から「TeamViewer」をインストール

②「TeamViewer」の初期画面から、「遠隔操作したいコンピュータのID」を入力

③続いて「パスワード」を入力

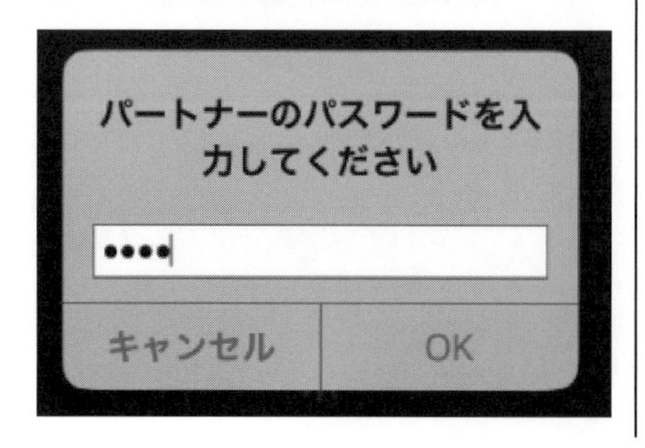

「スマートフォン」に、「コンピュータ」の画面が表示される。

「スマートフォン」での使い方は「コンピュータ同士」の遠隔操作と同じである。

※ 「Android」では、「Play store」から「TeamViewer」をインストールする。

4-7 「パスワード」の固定化

「TeamViewer」をいったん中止し、再度開くと、「パスワード」が変わっていることに気づく。これでは変わるごとに相手に「パスワード」を一々教えなければ遠隔操作ができない。不便である。

このような場合に、「パスワード」を固定する方法がある。

[1] TeamViewer画面の「無人アクセスのセットアップ」をクリック

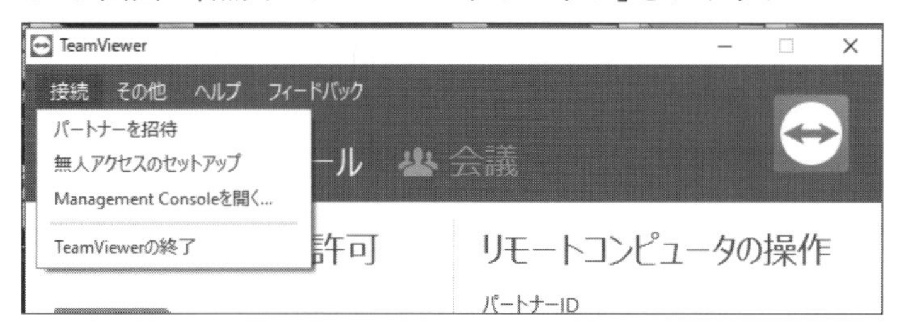

[2] 「次へ」をクリック

[3]「パソコン名」と「パスワード」を入力

[4]「今はTeamViewerアカウントを作成しない」にチェックを入れる

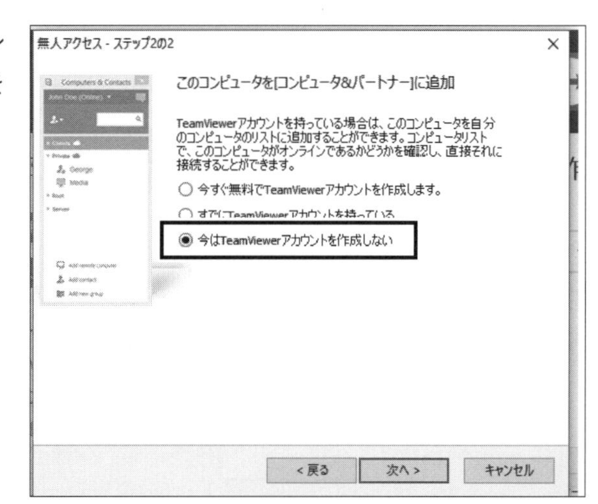

[5]「終了」をクリック

「TeamViewer」の画面が表示される。

※　「パスワード」には「固定IPアドレス」は表示されない。
「相手のコンピュータ」から「パスワード」に「固定IPアドレス」を打てば、画面は開く。
もちろん、自動的に取得している「6pp8f7」でも画面は開く。

4-8　「TeamViewer」の使用上の注意

「TeamViewer」の遠隔操作を「ビジネス」などの現場で使う場合には、注意が必要である。

「遠隔操作する人」「される人」の双方のコンピュータに「TeamViewer」をインストールするのは、セキュリティ上危険である。

この場合に、とられる措置として、「**遠隔操作する側**」は「TeamViewer」をインストールし相手のコンピュータを自由自在に操作するが、「**遠隔操作される側**」は「TeamViewer」のインストールを「実行」のみにする方法である。

「遠隔操作される人」は「実行」のみを選択するので、相手の画面は操作できない。
この方法を見てみよう。

①遠隔操作される側のコンピュータの「TeamViewer」を開く

②画面の「続行しますか？」の個所にある「インストール」、「インストール後、このコンピュータをリモート制御」、「実行」のいずれかを選択

③「TeamViewer」の用途として、「個人/商用以外」を選択

④選択後、「同意する－実行」をクリック

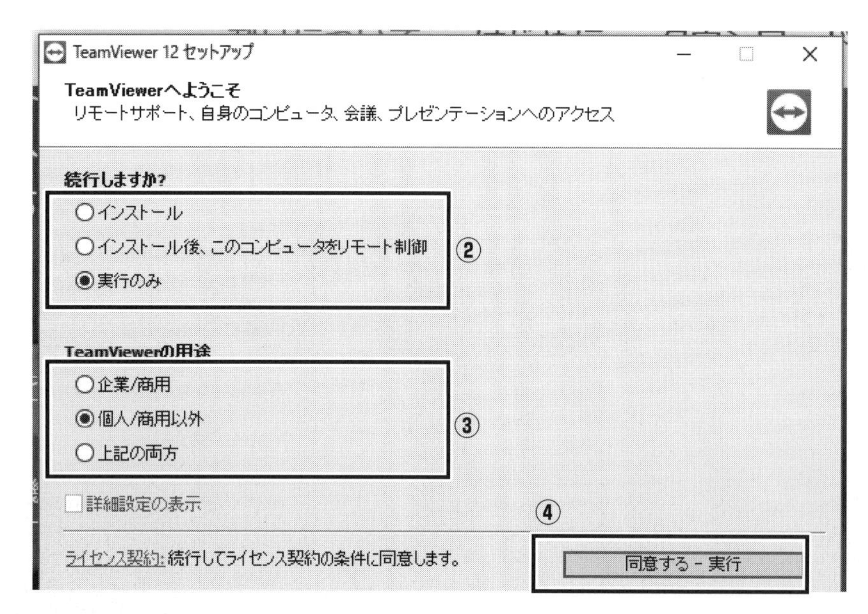

この処理をすると、「遠隔操作される側」のコンピュータに操作側のIDとパスワードを入力しても、操作側の画面は表示されない(各自、検討)。

※「TeamViewer」は「個人/商用以外」で使う場合は無料である。
商用で使う場合は使用料を支払い、ライセンス契約をしなければならない。
多くのユーザに「TeamViewer」を無料で使い続けると、画面に「商用のうたがい」との警告が表示される。無視し使い続けると切断されて、「TeamViewer」は使えなくなるので、注意が必要である。

「コンピュータA」から、遠隔操作で自宅やオフィスのコンピュータを切断できる。
しかし、逆に、「TeamViewer」では、「コンピュータの電源を入れる」遠隔操作はできない。
「遠隔操作でコンピュータの電源を入れる」には、別のソフトが必要である(「補論1」で自動起動ソフトの紹介をする)。

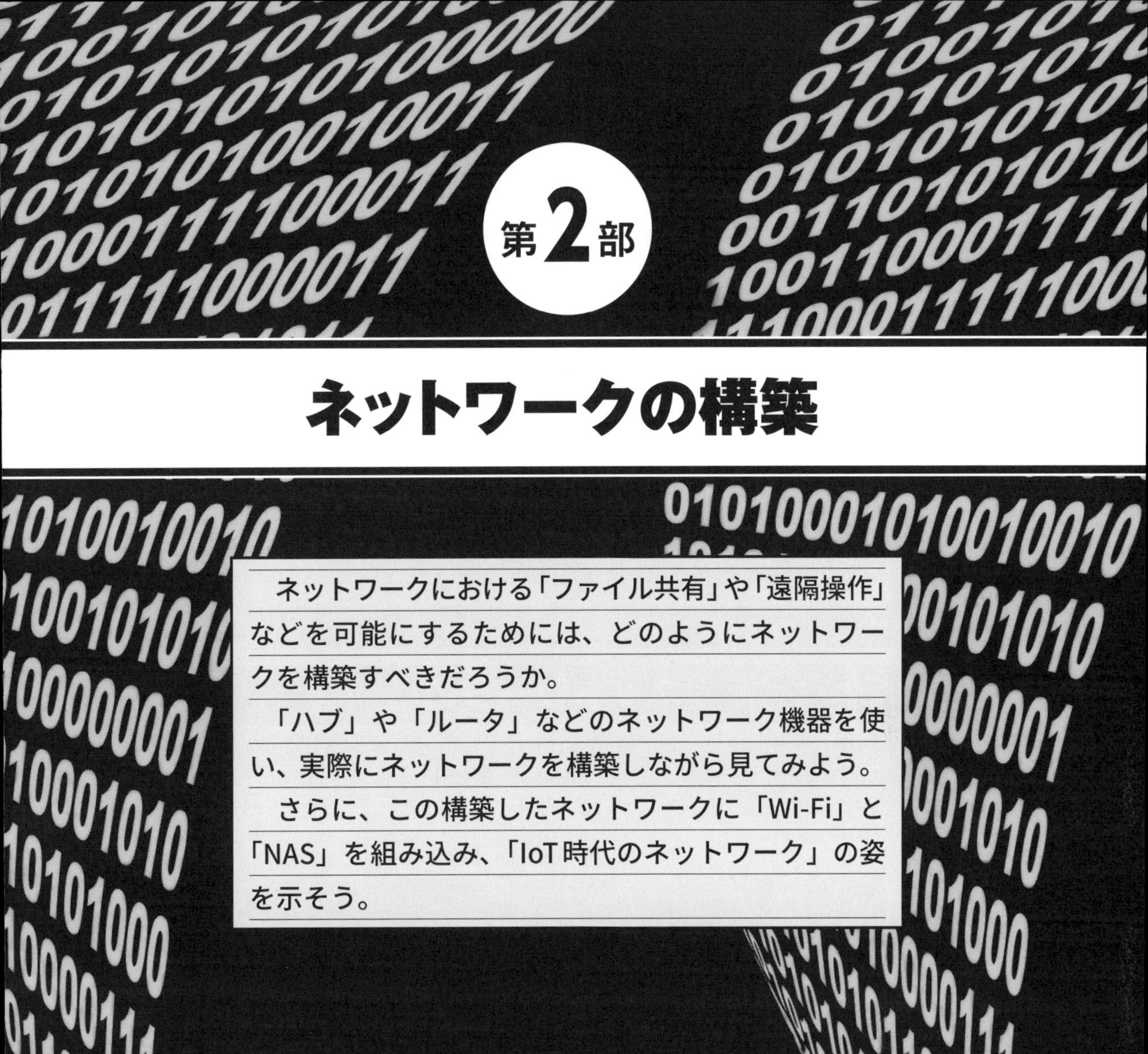

第2部 ネットワークの構築

　ネットワークにおける「ファイル共有」や「遠隔操作」などを可能にするためには、どのようにネットワークを構築すべきだろうか。

　「ハブ」や「ルータ」などのネットワーク機器を使い、実際にネットワークを構築しながら見てみよう。

　さらに、この構築したネットワークに「Wi-Fi」と「NAS」を組み込み、「IoT時代のネットワーク」の姿を示そう。

第5章

「ネットワーク」の構築とそれに必要な備品

「第1部」では、ネットワークの基本を見てきたが、「第2部」では、ネットワークを実際に構築してみよう。
まず、ネットワークを構築するには、どのような種類の機器を使い、どのように機器を設置するかを見てみる。

5-1 ネットワークの概観図

まず、一般的なオフィスで使用されているネットワークの概観図を見てみる。

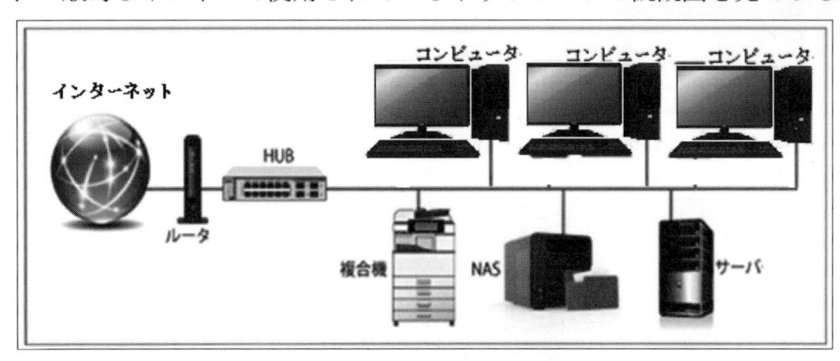

図5-1　ネットワークの概観図

図5-1に沿って、外部からのインターネットによる通信の手順を見ておこう。

---

[1]外部からの通信は「WANルータ」(ブロードバンドルータ)を介して行なわれる。
「WAN」とは「Wide Area Network」の略で、一般にはインターネットのことである。それに対してルータから内側(社内)はLAN (Local Area Network)」と呼ばれる。

*

電気通信事業者が提供する「WANサービス」には、「固定電話」「ISDN」「携帯電話」「PHS」「専用線」「フレームリレー」「ATM」「IP-VPN」「広域イーサネット」といったものが含まれる。

特に、「企業向けWANサービス」として一般的なのは、「IP-VPN」「インターネットVPN」「広域イーサネット」の3つである。
かつて主流だった「専用線」や「フレームリレー」に比べてコストが安いことから、置き替えられている。

[2]「WANルータ」を通して、外部から入ってきた通信は、「WANルータ」の「ルーティング・テーブル」に従って、それぞれの「サブネット・グループ」担当の「ハブ」に配送される。

図では1つの「サブネット・グループ」しか表示していない。

[3]コンピュータをネットワークにつなぐために使われるのが「HUB」(スイッチング・ハブ)である。LANケーブルで「コンピュータ」や「プリンター」などと接続される。

[4]最近、ネットワーク内にファイルの保存や共有に特化した「ファイルサーバ」的なNASの設置が注目されている。

※　NASは「ネットワーク・アタッチド・ストレージ」(Network Attached Storage)の略である。

[5]様々なネットワーク・サービスをするためのサーバが設置される。

このように、ネットワークでの通信には、さまざま情報機器の設置、情報通信のルール(プロトコル)に従って行なわれている。

これらを理解することが、ネットワーク構築には必要不可欠となる。

*

次節以降で、まず、「ネットワークの構築」に使われる機器について見ていこう。

5-2　コンピュータの「種類」と「違い」

まず、「コンピュータ」の種類から見てみよう。

コンピュータを購入する際に、「32bit」(ビット)と「64bit」のコンピュータの2つがあるが、この違いを正確に知っている人は意外に少ない。

※　「bit」とは、コンピュータが扱う情報の最小単位のことであり、「binary digit」の略である。

[1] CPUの違い

「32bit」と「64bit」のコンピュータの違いは、結論から言えば、「CPU(記憶装置)が処理できる容量」の違いということになる。

「32bit」が一度に処理できる情報は「2の32乗」すなわち「4,294,967,296」であり、これが「64bit」ともなると「2の64乗」つまり「18,446,744,073,709,551,616」という途方もない数字になる。

したがって、bitが大きければ、一度に取り扱える情報が増えるため大量のデータをさばけるようになるので、処理の高速化も計れるようになる。

また、データ処理の増加に伴い「機能が高度化」されると、「32bit」のCPUで「64bit」のCPUの命令を実行することはできないケースも出てくる。

[2] メモリの上限

「32bit環境」では「メモリ4GBの壁」というものが存在する。

32bitPCだと、メモリを4GB以上積んだとしても、使えない。

少し難しいかもれないが、[1]で説明したように2進数で考えると、32bitならば物理的に「4,294,967,296」のアドレス空間が存在する。それに1アドレス1byteを割り当てることになる。すると「4GB」(ギガバイト)までしか使えないことがわかる。

それに対して、「64bit」となるとアドレス空間が非常に大きくなり、「1,844,674,407,370,955,161Byte」まで確保できるようになる。

※　1byteは8bitで、「1024バイト＝1キロバイト」「1024キロバイト＝1メガバイト」「1024メガバイトが1ギガバイト」というように、大きさによって単位が変わっていく。

[3] HDD(ハードディスク)の違い

また「HDD」は「3TB」(テラバイト)が当たり前で、さらに大容量化の流れがある。32bitコンピュータは「2TB」まで扱うハードウェア制限があるので、「32bit」ではカバーしきれない部分がでてくる。

「将来」という面で圧倒的に「64bit」が有利なのは間違いない。

[4] どちらが有利か

「32bit」のコンピュータの方が価格が安い。

また、中古のPCなどで「とにかくインターネットが見れればいい！」という場合などは、特に気にせず「32bitPC」を購入してかまわない。

しかし、「ITエンジニアを目指している」「画像ソフトを使いたい」「PCでゲームもやりたい」などといった人は、「64bit」のコンピュータを選ぶべきである。

*

ここで両者の違いを表にしてみよう。

表5-1　「32bit」と「64bit」の比較

	32bit版	64bit版
ビット幅	32bitで制御 2の32乗通りの情報を格納	64bitで制御 2の64乗通りの情報を格納
メモリ上限	どのOS、エディションでも4GBが上限	OSやエディションにより4GB以上
ドライブ容量上限	通常、HDDなどの記憶ドライブは2TBまで	フォーマットにより2TB以上のドライブ
ソフトウェア資源	多くのソフトウェアが動作、利用	まれに64bitに対応していない、動作しないソフトウェアあり

[5]両者の確認

使用しているコンピュータが32bitか64bitかを確認してみよう。

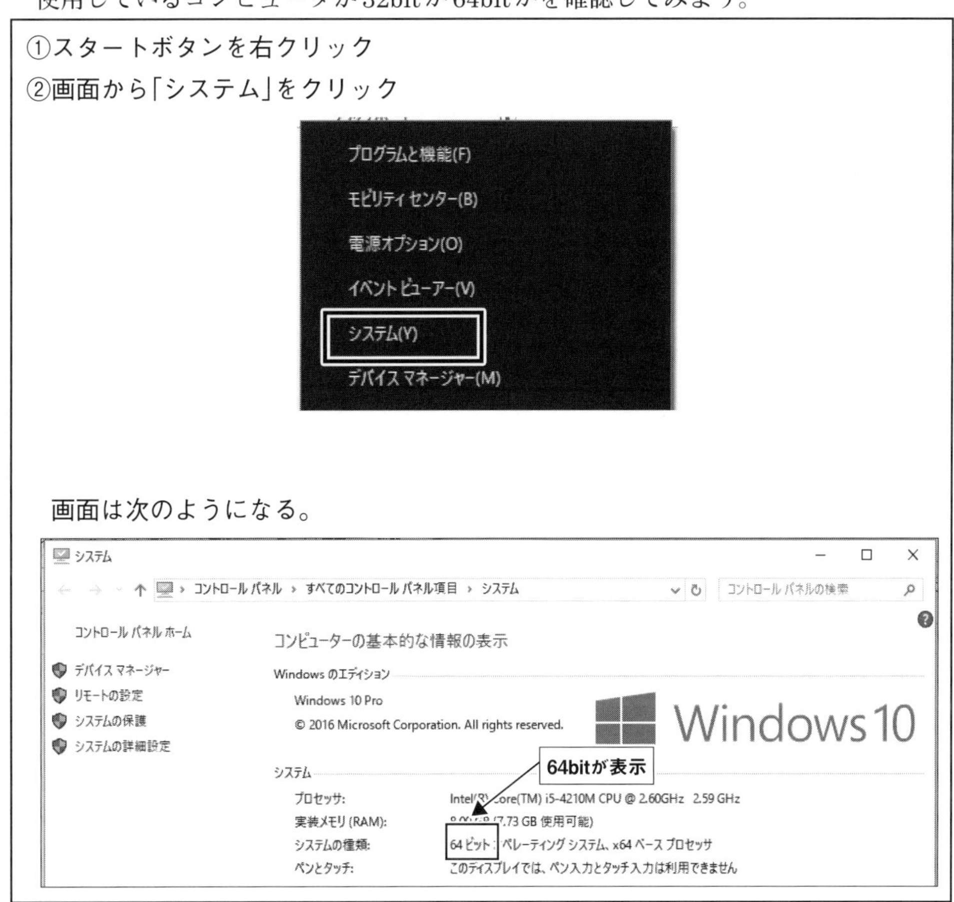

画面の「システムの種類」を見ると、このコンピュータは「64bit」であることが分かる。

5-3 ケーブルの種類

ネットワークは多くのコンピュータや通信装置をケーブルや無線で接続することで構築されている。まず、このケーブルの種類について見てみよう。

＊

ケーブルは目的に応じて2つに大別できる。

1つは会社のコンピュータなどとスイッチハブの間に結ぶ「**銅線**」(ツイストペア・ケーブル)と、もう一つは日本と外国などを結ぶ「**光ファイバーケーブル**」である。

ケーブル
- 銅線（ツイストペア・ケーブル）
- 光ファイバーケーブル

＊

このうち、「ツイストペア・ケーブル」から見ていこう。

[1]ツイストペア・ケーブル

「ツイストペア・ケーブル」は一般に「LANケーブル」とも言い、2本の撚線で1組の細い導線が4組、カバーで覆われている。

①UTPケーブルとSTPケーブル

さらに、この「ツイストペア・ケーブル」には、「UTPケーブル」と「STPケーブル」の2種類がある。この違いは、「シールド」されているか、いないかである。

※ シールドとは、アルミ箔などでケーブルを包んで、外からの電気的な雑音(ノイズ)から守るものである。

この「シールド」されていないのが「UTPケーブル」で、されているのが「STPケーブル」である。

ツイストペア・ケーブル
- UTPケーブル
- STPケーブル

工場などのノイズの多い場所ではSTPケーブル使うが、価格が高いので、家庭やオフィスでは通常「UTPケーブル」を使う。

「ツイストペア・ケーブル」は主にLAN、つまりイーサネットに使われるので、「イーサネットケーブル」とも呼ばれている。そして、「ツイストペア・ケーブル」が使われるイーサネットは通信速度によって「10Mbpsのイーサネット」「100Mbpsのファーストイーサネット」「1Gbps(100Mbps)のギガビットイーサネット」「10Gbpsの10ギガビットイーサネット」などがある。

※　イーサネットは、LANを実現するために利用されているプロトコル(通信規格)である。現在のLANは、ほぼすべてイーサネットで実現されている。

②カテゴリ

UTPケーブルは、品質のよしあしによって「カテゴリ」というもので分類されている。

この「カテゴリ」は「ETA /TIA-568」というアメリカの規格に従っており、カテゴリの数値が大きいほど、スピードの速い通信に耐えられる高品質のケーブルになる。

表5-2　カテゴリの種類

LANケーブルの種類		CAT5 カテゴリー5	CAT5e カテゴリー5e	CAT6 カテゴリー6	CAT7 カテゴリー7
規格概要	通信速度	100Mbps	1Gbps	1Gbps	10Gbps
	適合する イーサネット 規格	100BASE-TX 10BASE-T	10BASE-T 100BASE-TX 1000BASE-T	10BASE-T 100BASE-TX 1000BASE-T 1000BASE-TX	10BASE-T 100BASE-TX 1000BASE-T 1000BASE-TX 10GBASE-T
	伝送帯域	100MHz	100MHz	250MHz	600MHz

現在市販され、よく使われているケーブルは、カテゴリ「CAT5e」である。

家庭内や企業内で「光ケーブル」や「同軸ケーブル」を使うことはほとんどないので、家庭や企業では実質的に「100BASE-TX」または「1000BASE-T」のいずれかの規格が使われている。

※　「T」と「TX」の違いはケーブルの規格の違いで、「1000BASE-TはCAT5e以上」のクラスが必要で、「1000BASE-TXはCAT6以上」が必要となる。

③「ストレート・ケーブル」と「クロス・ケーブル」

「ツイストペア・ケーブル」の両端にある「RJ-45」というコネクタには、8つの端子がついている。

この端子はそれぞれ1本の細い銅線とつながっている。

そして、8本の細い線は、2本1ペアでツイストされている。

このペアがケーブルの両端でどのようにつながるかによって、2つのケーブルに分類できる。「ストレート・ケーブル」と「クロス・ケーブル」である。

*

LANケーブルの両端を見ると「緑」「緑白」「橙」「橙白」「青」「青白」「茶」「茶白」の8色に分かれている。

この結線は、各規格により異なるが、「ストレート・ケーブル」は国内のほとんどのメーカーで「T568B」が採用されている。

図5-2 T568Bのストレート結線図

両ケーブルを簡単に見分けるには、ケーブルの両端の結線(色の配置)が同じ場合は「ストレート・ケーブル」で、両端の結線(色の配置)が異なる場合は「クロス・ケーブル」である。

[2]光ファイバーケーブル

「光ファイバーケーブル」は「電気信号」を「光」に変えて情報を伝達するケーブルである。

電気ノイズの影響を受けず、大容量のデータを、超高速で、その上長距離伝送できるのが特徴。

この光ファイバーの材料は、光の透過率が非常に高い、「石英」などが多く使われている。

*

「光ファイバーケーブル」には2つの規格があり、「伝送距離」が異なる。「シングル・モード」と「マルチ・モード」である。

「シングル・モード」は、「1つの光信号」を使って情報を送る。「長距離伝送向き」であるが、コストは高くつく。

「マルチ・モード」は、「複数の光信号」を使って情報を送る。「シングル・モード」より短距離になるが、コストは安い。

※　本書では「家庭」や「オフィス」を対象にしているので、「ツイストペア・ケーブル」を扱い、「光ファイバーケーブル」については取り扱わない。

5-4　ハブと役割

「ハブ」は、単にLANを分岐するという役目だけであるが、一度に多くのコンピュータがインターネットなどに接続するときに威力を発揮する。これは、機能によっていくつかの種類に分けられる。

[1]ハブの種類

ハブには「ハブ」(「ダム・ハブ」とか「バカ・ハブ」)と、「スイッチング・ハブ」の2種類ある。

ハブ
- ハブ（「ダム・ハブ」とか「バカ・ハブ」）
- スイッチング・ハブ

①ハブ(「ダム・ハブ」とか「バカ・ハブ」)

ハブにある全ポートに同じデータを流すハブで、ネットワークの トラフィックを増大させるという大きな欠点を持っているため、現在ではあまり使われていない。

②スイッチング・ハブ

一般的に使用されるのは、「スイッチング・ハブ」と呼ばれるものである。「スイッチング・ハブ」はハブ自体が宛先を制御し、必要な端末にしかデータを流さないので、ネットワークの負荷は軽減する。

※　その他のハブとしてインテリジェントハブがある。
これは、ネットワーク管理機能を搭載したハブで、ポートごとに制御したり、グループ化できるので、大規模なネットワークを構築する際などに使われる。
インターネット・マンションなどに使われている。

通常の使用では「スイッチング・ハブ」を選ぶ。

最近は、ハブ付きのルータが主役で別個にハブを購入しなくてよくなっている。

しかし、インターネットなどにつなぐポートが少ないので、多数のパソコンを同時に使う場合はハブが必要になる。

*

ハブの主なポート数は「5ポート」「8ポート」「12ポート」「16ポート」などがあり、写真のハブは「5ポート」のハブである。

また、最近のハブの特徴は、「インターネット用のポート」「パソコン用のポート」には分かれていなくて、どのポートにも差し込むことができる。

[2]ハブの役割

「ハブ」が使われるのは、主に「パソコン」や「周辺機器」を「ネットワーク」に組み込む際に、「ルータのポート」がすべて埋まっているときなどである。

「ハブ」は「LANを分岐する」という、「ルータ」の一部の機能を持っていて、ネットワーク内で「ルータ」を補完する役割があると考えることができる。

[3]カスケード接続

ネットワークに接続する機器が増えると、ハブが1つでは足りないということもある。

この場合、「ハブの下にハブ」「さらにその下にハブ」と、階層的にハブを接続していく。

この接続方法を「カスケード接続」という。

「1000BASE-T」より前のものは2～4階層まで、「1000BASE-TX」は特に制限はなかったが、

転送速度の低下などもあるので、通常は2階層までが一般的である。

企業などの「大規模なネットワーク」の場合に「カスケード接続」は使われる。

[4]通信速度

以前は「10/100Mbps」までの対応のハブが多かったが、最近では「ルータ」や「ハブ」などネットワーク機器の多くが、「ギガビット対応」になってきている。

> ※　「1Gbps=1000M」を指す。「1000BASE-T」ともいう。
>
> 接続機器が多かったり、ネットワーク内でのデータのやり取りが多い場合は、通信速度が落ちるので、ギガビット対応のものにしたほうが適切である。

5-5　「ルータ」の設定・種類・役割

ルータの、「設定」「種類」「役割」を見てみよう。

[1]「ブロードバンド・ルータ」の設定

インターネットの設定は大きく分けて2通りある。

(a)「ADSLモデム」や「PCカード」と「パソコン」を**直接つないで接続する、「PPPoE方法」**と、(b)**「ルータ」を経由して接続する方法**である。

インターネットの設定 ┬ PPPoE方法
　　　　　　　　　　 └ ルータを経由して接続する方法

「ブロードバンド」が普及したばかりのころは、「モデム」と「パソコン」を「LANケーブル」でつないで、「パソコン側」に「プロバイダのID」や「パスワード」を入力して接続する、という(a)が一般的であった。

しかし最近では、(b)「ルータ」を経由して接続する方法が大半で、この場合は、「ルータ」に「ID」や「パスワード」の設定を行なう必要がある。

*

ここで、「ルータ」にログインし、各種設定の項目を見てみよう。

ルータを作っている会社により異なるが、ログインするには、「バッファロー」のルータでは「Webブラウザ」に「IPアドレス」である

```
192.168.11.1
```

と入力する。次の「ログイン画面」が出るので、ユーザー名のadmin、パスワードのpasswordを入力する(以前は、ユーザー名にrootを入力すればログインできた)。

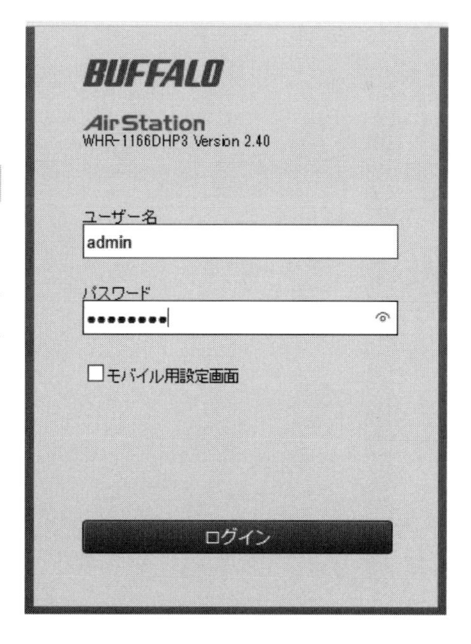

「ログイン」をクリックすると、次の画面が表示される。

このうち、まず「メニュー」の項目の「**LAN側**」を見てみよう。

画面の「LAN」をクリック後、さらに「LAN」をクリックする。

この画面から、この「ルータ」は、「IPアドレス」を「192.168.11.2」から「192.168.11.64」までの「62台」に割り振りできる。

＊

次に、「**WAN側**」の設定を見てみよう。

画面から「Internet」をクリックし、さらに出てくる画面から「Internet」をクリックする。

WAN側の設定画面が表示される。

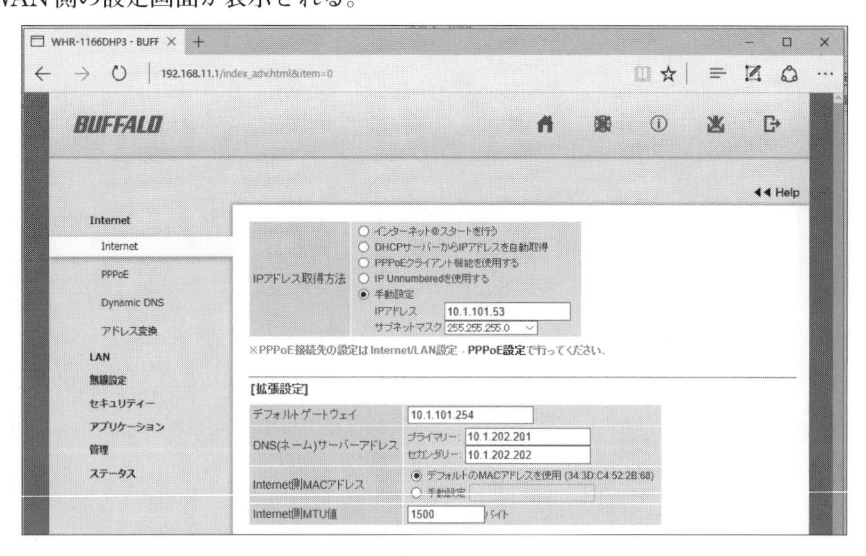

通常、各種設定は契約した「プロバイダ」から指定された「ユーザー名」や「パスワード」を入れ、「IPアドレス」の設定方法には、3番目の「PPPoEクライアント機能」を使う。

しかし、本書では「ルータ」の実験をするので、「手動」を選択する。

*

「WAN側」は「手動」で、「IPアドレス」「サブネット・マスク」を入力し、「拡張設定」で「デフォルト・ゲートウエイ」と、「DNSサーバのアドレス」を入力する。

[2]「ルータ」の種類

「ネットワーク」の核になるのが「ルータ」である。

最近の「ルータ」は、「有線LAN」と「無線LAN」の両方を同時に使えるものが主流である。

「ルータ」の種類は、特に「無線LAN」の規格に応じていくつか種類がある。

「Wi-Fiルータ」は周波数の帯域と特徴の違いによって、次の6つの規格が使われている。

表5-3　「Wi-Fiルータ」の6つの規格

規格	周波数帯	伝送速度
802.11b	2.4～2.5GHz	最大11Mbps
802.11a	5.15～5.35GHz 5.47～5.725GHz	最大54Mbps
802.11g	2.4～2.5GHz	最大54Mbps
802.11n	2.4～2.5GHz 5.15～5.35GHz 5.47～5.725GHz	最大600Mbps
802.11ac (wave1)	5.15～5.35GHz 5.47～5.725GHz	最大1.3Gbps
802.11ac (wave2)	5.15～5.35GHz 5.47～5.725GHz	最大6.93Gbps

※　なお、周波数帯の「2.4GHz帯」はスタンダードな周波数帯だが、「電子レンジ」や「コードレス電話」「Bluetooth」などにも利用されており、電波同士が干渉して通信が不安定になることがある。

「5GHz」帯は端末が対応していれば、干渉が少なく、快適につながる。

使用目的に応じて、規格を選択する。

[3]ルータの役割

「ルータ」は一種のコンピュータである。

まず「IPアドレス」をもっている。

そして、「ルータ」が起点となって、「ネットワーク」内のすべての機器に「IPアドレス」を振り分けする役割をもつ。

また、「ログイン」して「インターネット」の「各種設定」なども行うことができる。

「ルータ」は、プログラムが内蔵されている多機能な機器である。

さらには、「ルータ」は、「パケット・フィルタリング」や「pingコマンド」の使用制限などのセキュリティ面でも重要な役割を持っている。

5-6 「NAS」の種類と役割

NASとはネットワークに直接接続して使用するファイルサーバの機能を有するものである。ハードディスクとネットワークインターフェースなどを一体化したサーバである。

ネットワークに接続されたほかのコンピュータからは、通常のファイルサーバと同様、共有フォルダとして使用することができる（本章では、**第8章**でNASの設定と使い方を説明する）。

①NASの種類

NASには、データを保存する場所として基本的にHDD(ハードディスクドライブ)を使用するが、そのHDDが最初から搭載されているものと、最初にはHDDが搭載されていないものとに分かれる。

表5-4　HDDの搭載状態

	HDDの搭載済み	HDD非搭載
メリット	・HDDを取り付ける手間がない ・製品トータルでの製品保証	・HDDの増設、交換が用意 ・システム的に自由度が高い
デメリット	・取り替え要HDDの選択肢が少ない（市販品が推奨されない場合がある）	・HDDを取り付ける必要がある

主にHDDが最初から搭載されているNASを取り扱っているメーカーはBuffaloやIOデータのような国内メーカーが多く、対してHDD非搭載のNASを扱っているのは、Synologyに代表される海外のNASメーカーが多い。

それぞれに「メリット」「デメリット」があるが、やはり自由度が高い「HDD非搭載」のNASを薦める。HDDの取り付けはしなくてはいけないが、取り付け自体は普通のドライバー1本ででき、最近はドライバーも必要ないモデルも登場している。

HDD非搭載のモデルを購入すれば、最初はHDD1台だけで、後日HDDを買い足し、容量のアップも簡単にできる。

※ NASでは、データを保存する場所としてHDDを使用すると述べたが、そのHDDを何台搭載できるかによって、若干の違いがある。特に台数に決まりはないが、だいたい1~4台程度が多い。2台以上であれば、同時に2つのHDDにデータを書き込むことができるので、1台が壊れてもデータは安全である(ディスク台数の組み合わせを決める:RAID1)。

②NASの役割

既にサーバが設置されているネットワークにおいて、NASの役割を見ておこう。

・サーバの記憶容量が充分でない場合、ハードウェアの変更を伴わずに容量を増強できる役割をもっている。また、この時にサーバを停止する必要がない。

・サーバマシンの設定変更は、管理者しかできない。従って、一時的な変更や臨時の措置など、小回りの効く対応が難しい場合も考えられる。
そのような場合にも、NASの利用は有効な方法の一つになると考えられる。

・安全に、ネットワーク内でのファイル共有を24時間、しかも省電力で行うことができる。

5-7 「ケーブル」の作り方

ここで、ネットワークを構築する際、コンピュータをハブなどに接続させるケーブルの作り方を見ておこう。

当初、店舗で購入するが、必要な長さのケーブルがない場合、自ら作らなければならない。作成は装備さえあれば簡単にできる。

[1]用意する備品

ケーブルを作るための備品は次の5つである。

①ケーブル
②皮むき器
③ハサミ
④かしめ工具
⑤コネクタ

図で示してみよう。

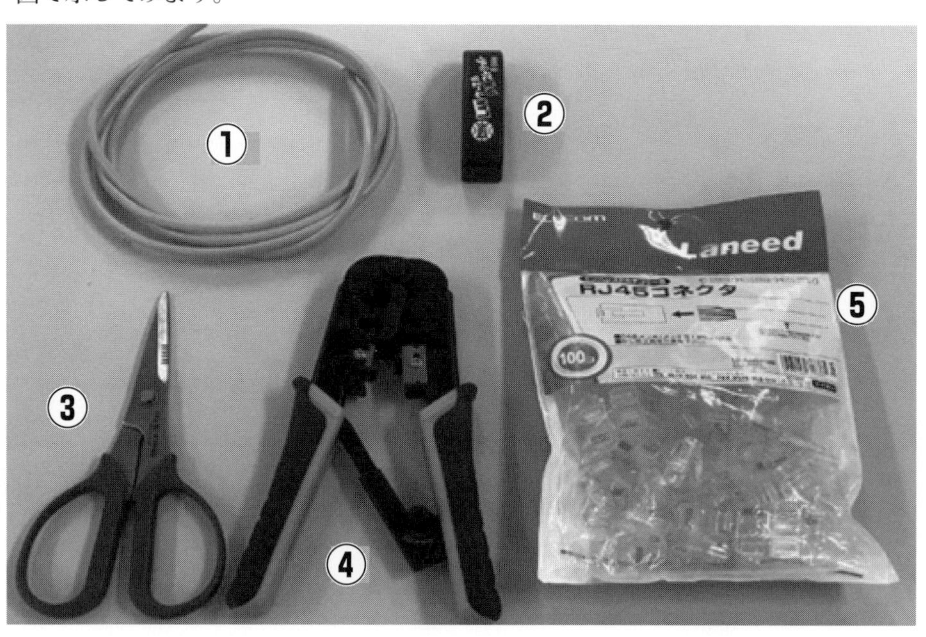

①の「ケーブル」を購入する際の基準を表にまとめておこう。

表5-5 「ケーブル」の購入基準

選択肢	種類とおすすめ
長さ	自作用は100m以上のケーブルが多く販売 100m以上のケーブルは光ケーブルを使用
カテゴリ	「CAT5E」or「CAT6」or「CAT6E」 おすすめは「CAT6」または「CAT6E」
芯線	「単線」or「より線」おすすめは「単線」
形状	「スタンダード」or「フラット」or「スリム」。 おすすめは「スタンダード」
シールド	「UTP（シールドなし）」or「STP（シールドあり）」おすすめは「UTP」。「STP」は難しい。

②の「**皮むき器**」はカッターやハサミで代用可能だが、あると便利な工具。

LANケーブルの結線作成時にまわりの皮を剥く(切り取る)必要がある。その際に結線を傷つけることがよくある。「皮むき機」があると、便利(手軽)で時間の短縮となる。

③の「**ハサミ**」は結線を切るので丈夫な「工具用のハサミ」を選ぶ。

④の「**かしめ工具**」はLANケーブルを自作するには、必須となる。両端コネクタ(RJ45)を締め付けるために使用する。締め付けの力で壊れる事があるので、極端に安価な商品には気を付けよう。

⑤の「**コネクタ**」はLANケーブルの両端に付けるもので各メーカーから発売されているが、購入する際に意外に困る。

「RJ45」を勧めるが、パッと見、どれも同じような感じで、かつ種類の違いが多くメーカーによっても形状が異なる。この形状が分かってないとプラグの専用工具が選別できないので、「RJ45」と圧着工具は、メーカーを合わせたほうがベターである

[2] ケーブル作成の手順

①最初に、LANケーブルを必要な長さに切断する

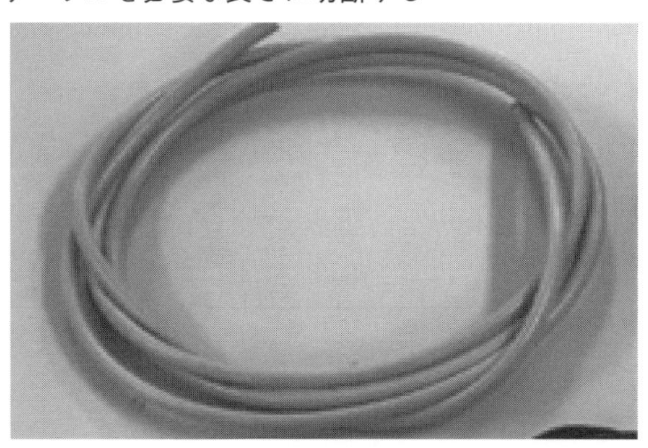

②皮むき器でケーブルをむく

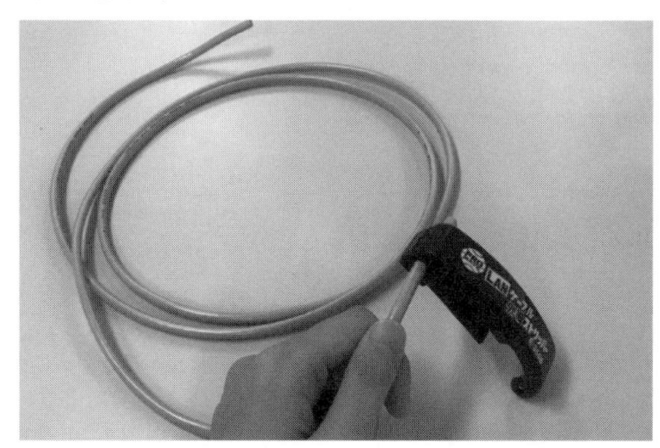

③1回転させると、きれいに「皮」がむける

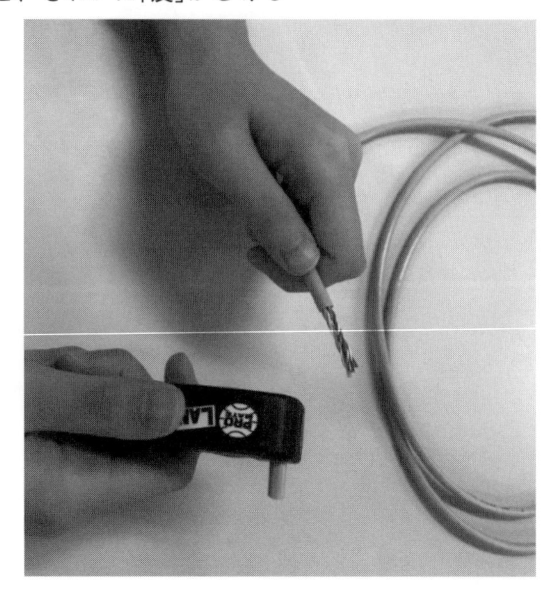

④線を伸ばす

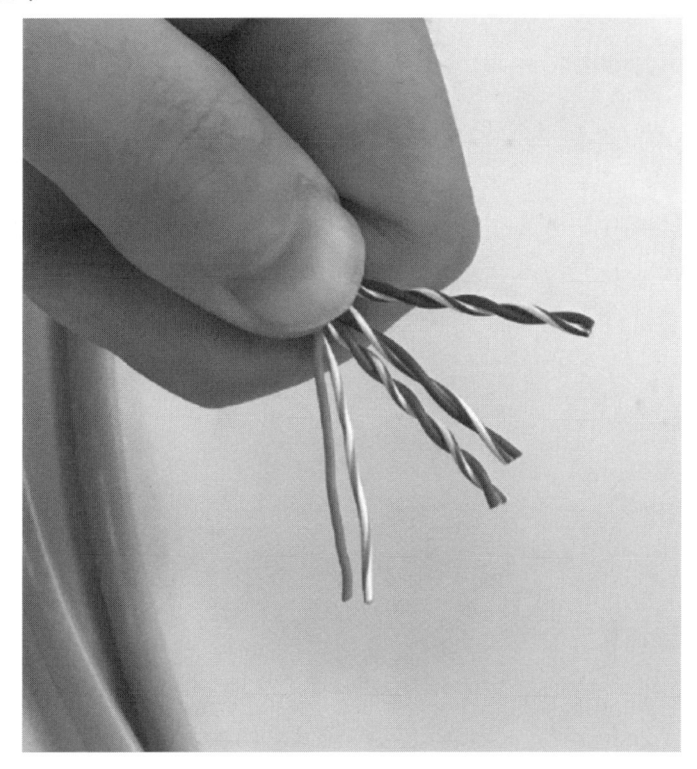

⑤「ストレート・ケーブル」を作成

「ストレート・ケーブル」用に「LANケーブル」の芯線を図5-2のように並べ替える。

⑥LANケーブルをコネクタに収まるぐらいに、「かしめ工具」か「ハサミ」で切断

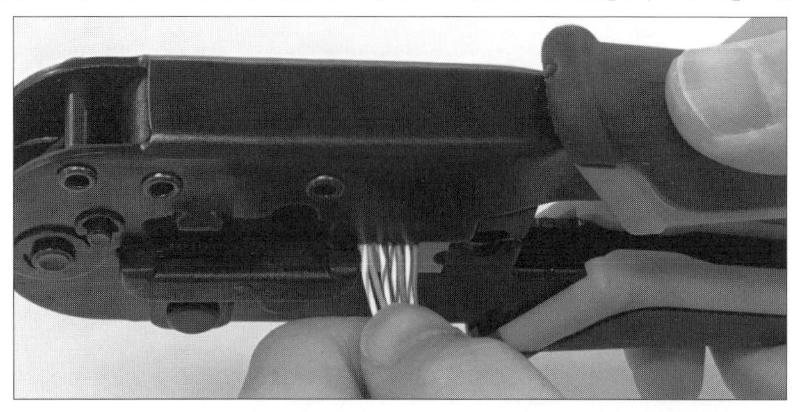

⑦コネクタにLANケーブルを差し込む

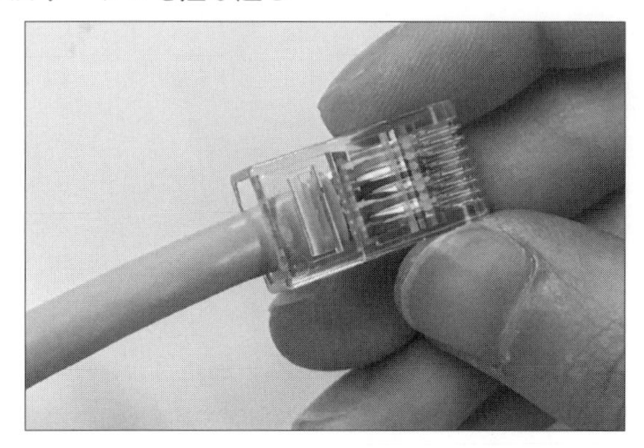

⑧コネクタに収まったかを確認する

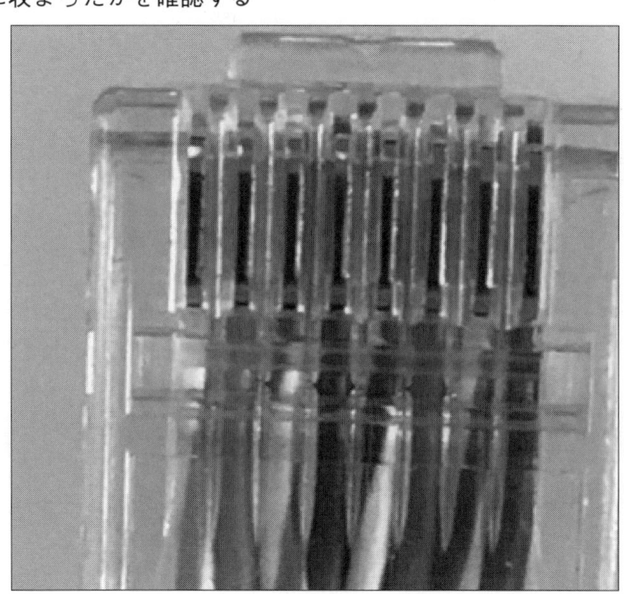

⑨かしめ工具で締めつける

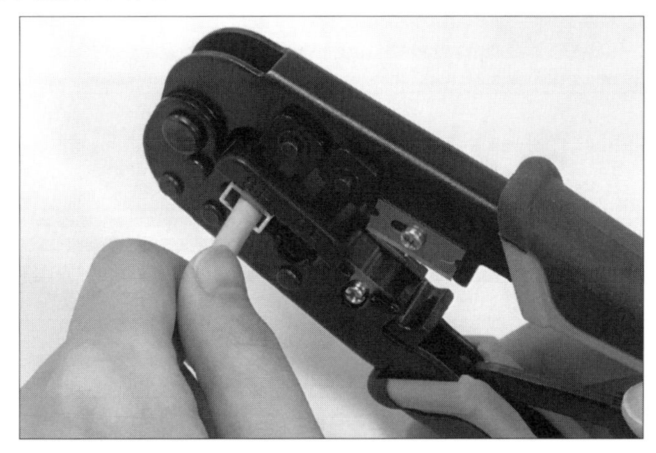

もう一方のLANケーブルの端も同じ手順でコネクタを装着する。

⑩確認

LANケーブルがネットワーク接続できたかをチェックする。それには2つの方法がある。

(1)直接、このLANケーブルをコンピュータとインターネット口に差し込む。
(2)確認として「テスター」を使いチェック。

ここで、(2)の方法を見てみよう。

ケーブルを指定の2個所に挿入し、「テスター」の電源ランプが点灯すれば、接続は成功である。

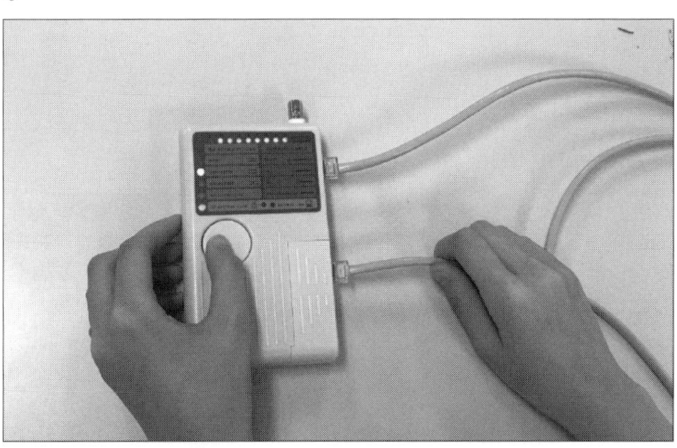

第6章

ネットワークの構築

2台のコンピュータを接続してデータの共有などをする「ネットワーク・システム」を構築してみよう。
最初は、2台のコンピュータを直接接続する「ピア・ツー・ピア」(P2P)の方法を見てみる。

6-1 2台のコンピュータの直接接続

2台のコンピュータを直接接続させる「ピア・ツー・ピア」のために必要な装備を見てみよう。

[1]必要な装備

必要な装備としては、2台のコンピュータ「A,B」と「LANケーブル」としての「クロス・ケーブル」が必要である。

・2台のコンピュータ
・LANケーブル(クロス・ケーブル)

コンピュータを接続する「LANケーブル」には2種類ある。
「クロス・ケーブル」と「ストレート・ケーブル」である。

前章では「ストレート・ケーブル」を作成した。しかし、「2台のコンピュータを接続させるLANケーブル」は「ストレート・ケーブル」でなく「**クロス・ケーブル**」である。

※ ただし、最近のコンピュータでは「ストレート・ケーブル」でも接続できるようになっている。

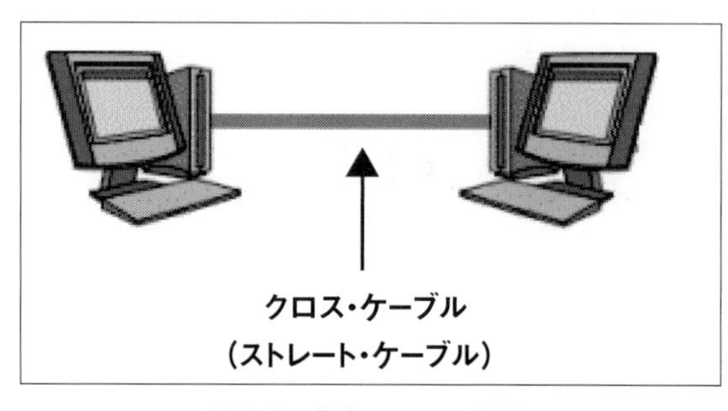

図6-1 「ピア・ツー・ピア」

「P2P」のメリットは、「サーバ」が必要ないため、柔軟なネットワークを構築できる点にある。

「ADSL」などの「ブロードバンド回線」と「コンピュータ」をユーザーが用意するだけでネットワークを構成でき、データも「クライアント」同士でやり取りされるため、「サーバの障害」などの影響を受けにくいのが特徴。

[2]実践

実際にコンピュータを直接つないでみよう。

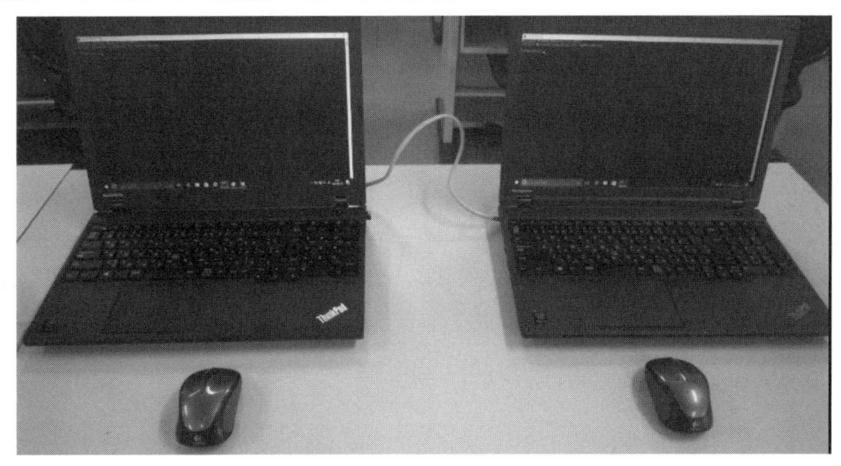

2台のコンピュータがLANケーブルでつながっている。次に、この2台のコンピュータは実際に接続しているかどうかの確認が必要となる。

接続確認として、いくつかの方法があるが、最初に**2章**で説明したファイル共有を用いて確認してみよう。

[3]「ファイル共有」による接続確認

まず、コンピュータ相互に「共有フォルダ」を作り、お互い相手方のフォルダを開き、保存されているファイルを開く。

お互い相手方のファイルを開くことができれば、両コンピュータは接続できたことになる。

「ファイル共有」についてはすでに**2章**で説明したので、簡単に説明しよう。

*

2章で作った「コンピュータA」の「共有フォルダfuji」を「コンピュータB」から開いてみよう。

「コンピュータB」の「スタートボタン」、さらには「エクスプローラー」をクリック後、「ネットワーク」をクリックすると開きたいコンピュータ名「CR-100」が表示される。

これをクリックすると、「共有フォルダfuji」が表示され、これをクリックする。

画面にファイル「sample01」が表示される。

これを開くと、ワードの中身が表示される。

同じ手続きで、「コンピュータA」も「ネットワーク」から「コンピュータ名CR-004」を探すことができる。「共有フォルダ」を開き、保存しているファイルを開くことができる。

[4] 自動接続の設定方法

[3]の「ファイル共有」で接続確認をすることは面倒なので、通常、もっと簡単に専用コマンド「ping」を使い接続確認をするのが一般的である(**1章1-4**を参照)。

通常、すべてのコンピュータには住所である「IPアドレス」が設定されている。

2台のコンピュータの接続には、この「IPアドレス」を使って相互にやり取りを行ない、連絡がつけば接続が確認できたことになる。

＊

そのため、まず2台のコンピュータの「IPアドレス」の設定状況を見る。その手順を見てみよう。

①「ネットワークと共有センター」を開く

「コンピュータA」の「スタートボタン」をクリック→「コントロールパネル」をクリック→「ネットワークと共有センター」をクリックする。画面の「イーサネット」をクリックする。

※　コントロールパネルが表示されていない場合、スタートボタンをクリック後、「設定」「ネットワークとインターネット」をクリックすると「ネットワークと共有センター」が表示される。

②画面の「プロパティ」をクリック

③画面のインターネットプロトコルバージョン4(TCP/IPv4)」をクリック。
さらに、「プロパティ」のボタンをクリック。

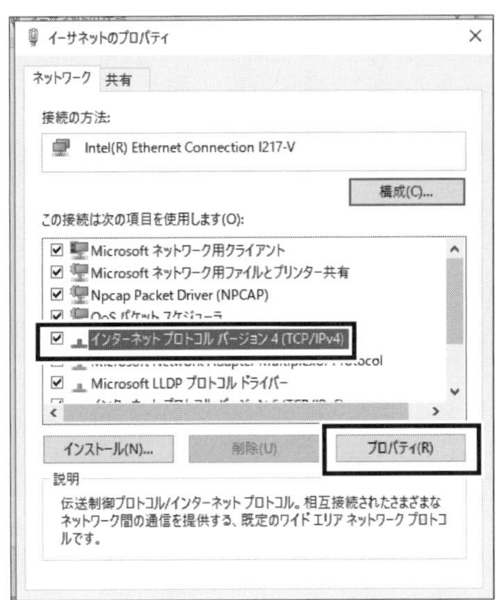

④「IPアドレス」の設定

「IPアドレスを自動で取得する」か、手動で設定の「次のIPアドレスを使う」かの選択をする。

ここでは「自動設定」にチェックを入れる（「手動設定」については「IPアドレス」の知識が必要なので、説明は9章で行なう）。

＊

続いて、「DNSサーバのアドレス設定」も「自動設定」にチェックを入れる。
OKボタンを押し、「コンピュータA」の「IPアドレス設定」が完了する。

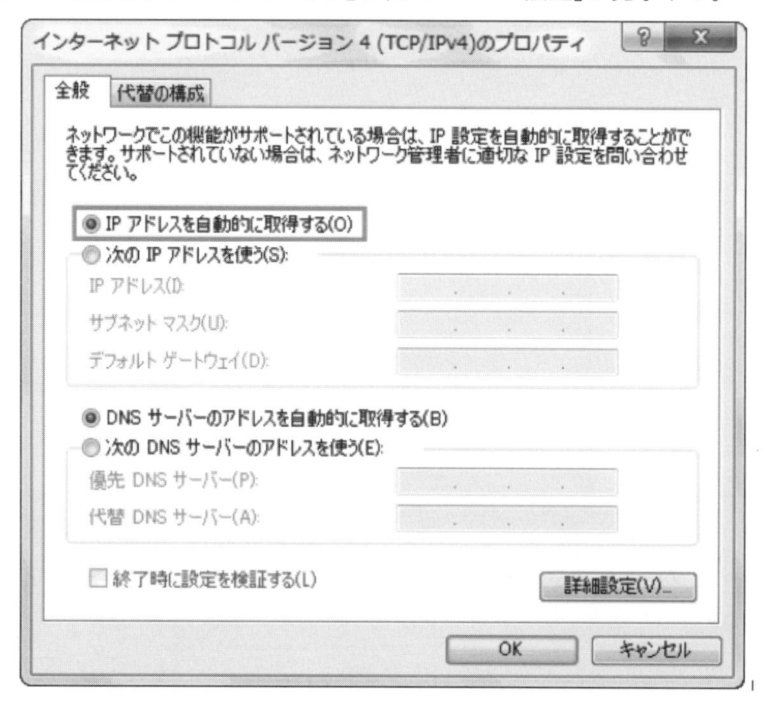

⑤同じ処理を、「LAN設定」操作を「相手のコンピュータB」でも実施し、「IPアドレス」を「自動取得」する。

[5] IPアドレスの表示

2台のコンピュータの「IPアドレス自動取得」の設定が完了したので、接続できたかを「pingコマンド」で確認する。

そのため、コマンドプロンプト画面に自動設定した2台のコンピュータの「IPアドレス」を表示させる。

①「コンピュータA」のIPアドレス

「コンピュータA」の「IPアドレス」を表示させるため、「コマンドプロンプト画面」で次のように打つ。

```
>ipconfig
```

画面は次のようになる。

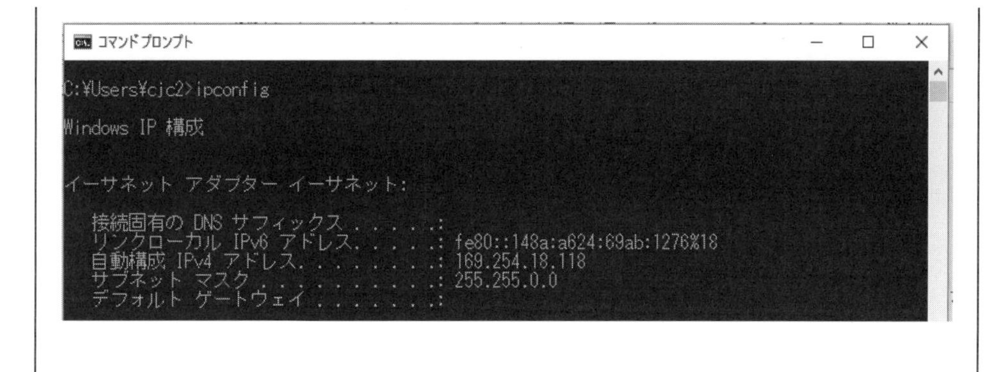

自動的に「IPアドレス」を取得できる「DHCPサーバ」がないのに、画面には自動的に「Ipv4アドレス」(169.254.18.113)が作られる。

これができるのは、「DHCPサーバ」に代わる「APIP機能」があるからである(詳しくは9章の9-1参照)。

②「コンピュータB」のIPアドレス

「コンピュータB」の「IPアドレス」を表示するため、同じように「ipconfig」を打つ。

```
コマンドプロンプト
C:¥Users¥cjc1>ipconfig

Windows IP 構成

イーサネット アダプター イーサネット:

   接続固有の DNS サフィックス . . . . . :
   リンクローカル IPv6 アドレス. . . . . : fe80::5060:b903:3d41:7f00%14
   自動構成 IPv4 アドレス. . . . . . . . : 169.254.127.0
   サブネット マスク . . . . . . . . . . : 255.255.0.0
   デフォルト ゲートウェイ . . . . . . . :
```

画面には自動的に「Ipv4アドレス」(169.254.127.0)が作られる。

準備ができたので、**接続確認**をしてみよう。

[6]専用コマンド「ping」による接続確認

専用コマンド「ping」による接続確認をしよう。

①「コンピュータA」から「コンピュータB」への接続確認

「コンピュータA」から「コンピュータB」に「ping」を飛ばしてみよう。

「ping」コマンドの後ろに「IPアドレス」を、次のように打つ。

```
>ping  169.254.127.0
```

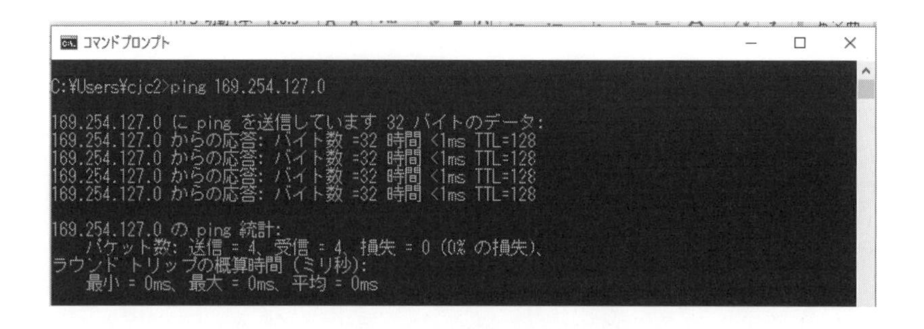

画面に、「ping」の応答が4回あれば、接続ができたことになる。

②「コンピュータB」から「コンピュータA」への接続確認

逆に、「コンピュータB」から「コンピュータA」に「ping」を飛ばしてみよう。

```
>ping  169.254.18.118
```

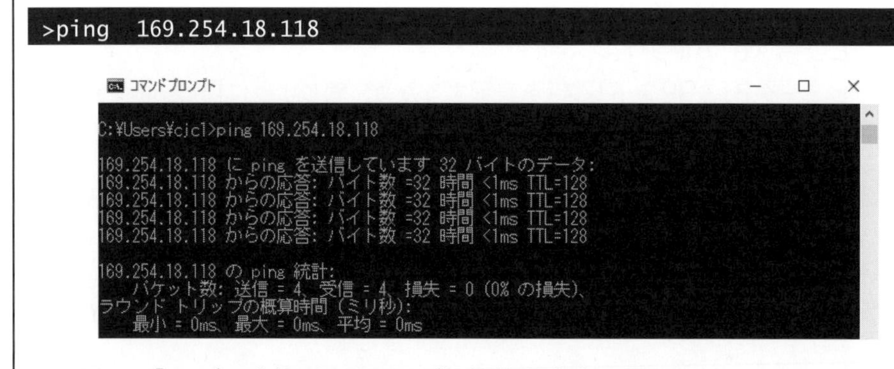

画面に、「ping」の応答が4回あれば、接続が達成できたことになる。

＊

このように、2台のコンピュータは「ping」の応答が両方のコンピュータからあり、接続されていることが確認できた。

会社や学校にあるコンピュータ同士に、「ping」を飛ばして接続確認をしても、「ping」が飛ばない場合がある。

これはネットワーク管理者が「ping」の受信を許可しない設定にしているからである。

この場合、接続の確認はファイル共有で行う。

6-2　2台のコンピュータを「ハブ」で接続

2台のコンピュータを「ハブ」で接続してみよう。用意する装備を見てみよう。

[1]必要な装備

用意する装備は次の3つである。

・コンピュータ2台
・ハブ
・ストレート・ケーブル

ハブは多数のコンピュータをネットワークにつなげたいが、ポートが一杯の場合にポートを増やす機器である。ポートの数に応じて、5ポート、8ポートなどがある。

＊

2台のコンピュータをハブで実際につなぎ接続イメージ図をみてみよう。

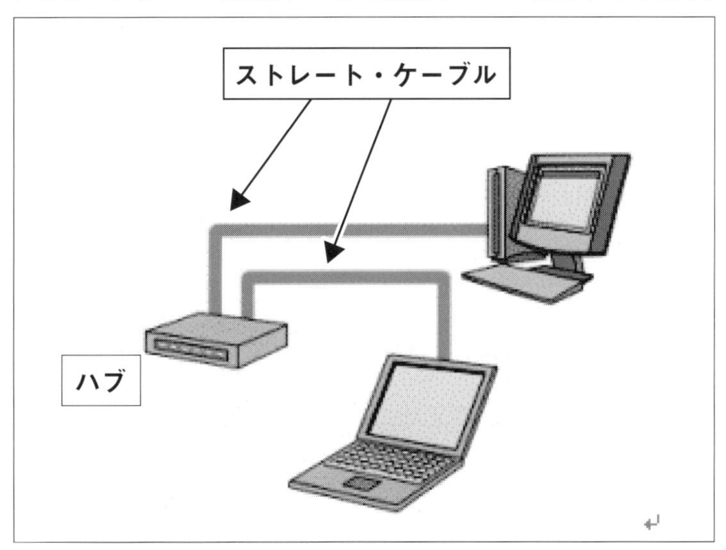

図6-2　ハブ接続

ただ、最近は、「ハブ」を独自に使うことは少なくなり、「ルータ」と「ハブ」が一体となった、「ルータ」が多くなっている。

[2]実践

では、2台のコンピュータを「ハブ」で実際に接続してみよう。

[3]接続確認

「接続確認」は「ファイル共有」でも可能であるが、専用の「ping」コマンドを使ってみよう。

「IPアドレス」の設定は「**6-1節**」で行った方法で行なう。

2台が「ハブ」を通してつながったかを見るため「ping」を飛ばし、確認してみる。
「**6-1**」で、すでに2台のコンピュータの「IPアドレス」が「APIP機能」により、次のように設定されている。

「コンピュータA」	「コンピュータB」
169.254.18.118	169254.127.0
255.255.0.0	255.255.0.0

①「コンピュータA」から「コンピュータB」へ確認

「コンピュータA」から「コンピュータB」へ通信ができるか確認するため、「ping」を次のように打つ。

```
>ping  169.254.127.0
```

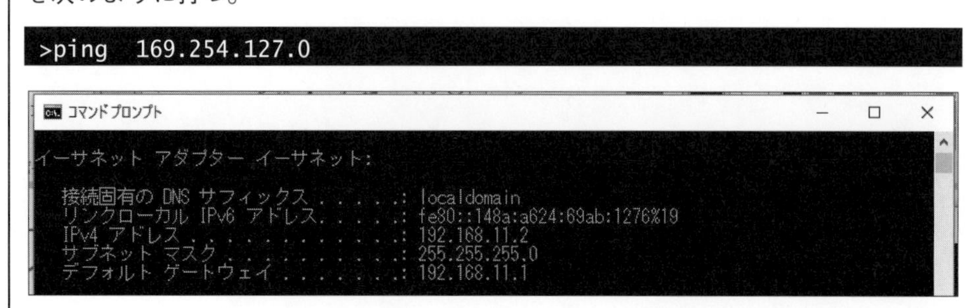

　4回の連絡があり、通信の確認がされた。

②「コンピュータB」から「コンピュータA」に確認

逆に、「コンピュータB」から「コンピュータA」に通信ができるか確認のため、「ping」を次のように打つ。

```
>ping　169.254.18.118
```

　4回の連絡があり、通信の確認がされた。2台はハブを通して相互につながったことが分かる。

6-3　2台のコンピュータをルータで有線接続

　2台のコンピュータをルータで「有線接続」してみよう。

　この「**6-3節**」が「**6-1節**」「**6-2節**」と根本的に違うのは、「IPアドレス」の「自動取得機能」である「DHCP」があるかないかである。

　「ルータ」を組み込むと、この「DHCP」が機能し、「IPアドレス」を「自動設定」してくれる。

[1]インターネットにつながないケース

　最初は、インターネットにつながないケースを見てみよう。

　この接続は「WAN」を使わないので「ルータ」を「ハブ」として使っているにすぎないが、「IPアドレス」の「自動取得機能」が異なる。

①**必要な装備**

　用意する機器や備品を見てみよう。

・コンピュータ2台
・ルータ
・ストレート・ケーブル

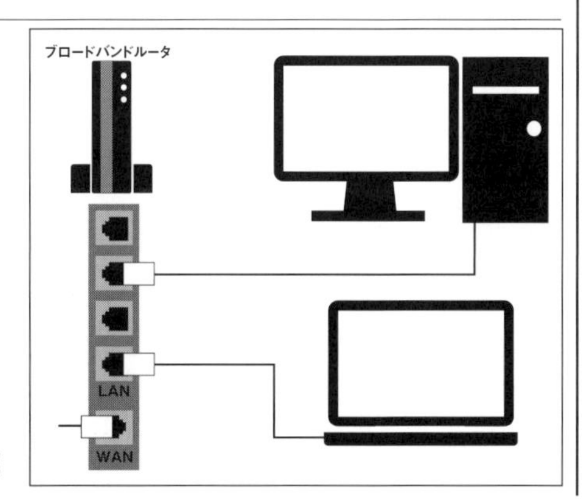

図6-3　ルータ接続

ルータの背後にある、LAN側のポートに「ストレート・ケーブル」をつなぐ。
では、実際につながったかをチェックしてみよう。

②実践

では、実際に2台のコンピュータをルータで接続しよう。

③確認

どのように「DHCPサーバ」は2台のコンピュータに「IPアドレス」を設定したのだろうか。

確認するには「コンピュータA」のコマンド画面に、「ipconfig」を打つ。

```
>ipconfig
```

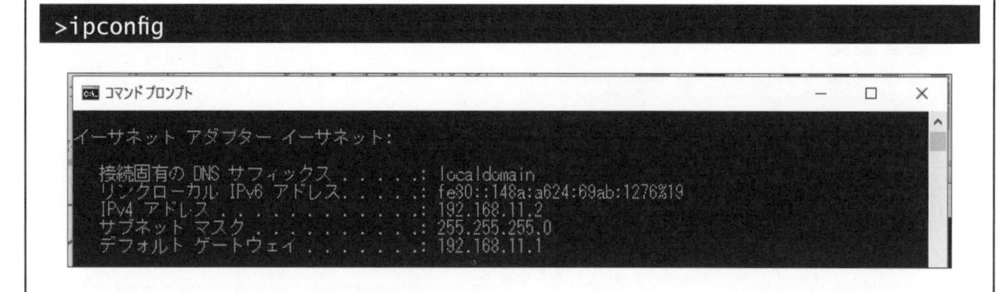

DHCPサーバから「IPアドレス」が「192.168.11.2」と自動取得された。
「コンピュータB」に同じように「ipconfig」を打つ。

```
>ipconfig
```

DHCPサーバからIPアドレスが192.168.11.2と198.168.11.3と自動取得された。

コンピュータA	コンピュータB
198.168.11.2	198.168.11.3
255.255.255 .0	255.255.255 .0

「IPアドレス」の取得確認ができたので、2台が「ルータ」を通してつながったかを見るため「ping」を飛ばし、確認してみよう。

④「コンピュータA」から「コンピュータB」に確認

「コンピュータA」から「コンピュータB」に通信ができるか確認のため、「ping」を次のように打つ。

```
>ping  192.168.11.3
```

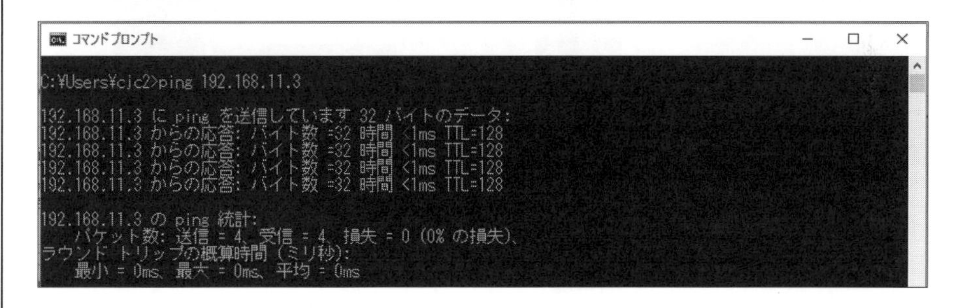

4回の応答があり、2台のコンピュータは接続できた。

⑤「コンピュータB」から「コンピュータA」に確認

逆に、「コンピュータB」から「コンピュータA」へ通信ができるか確認のため「ping」を次のように打つ。

```
>ping  192.168.11.4
```

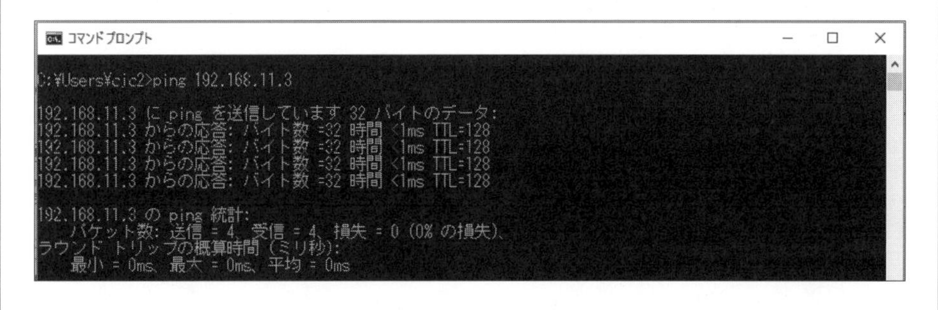

4回の応答があり、2台のコンピュータは接続できた。

[2] インターネットにつないだケース

次に、インターネットにつないだケースを見てみよう。

①**必要な装備**

用意する装備は「インターネット回線」の追加だけである。

- コンピュータ2台
- ルータ
- ストレート・ケーブル
- インターネット回線

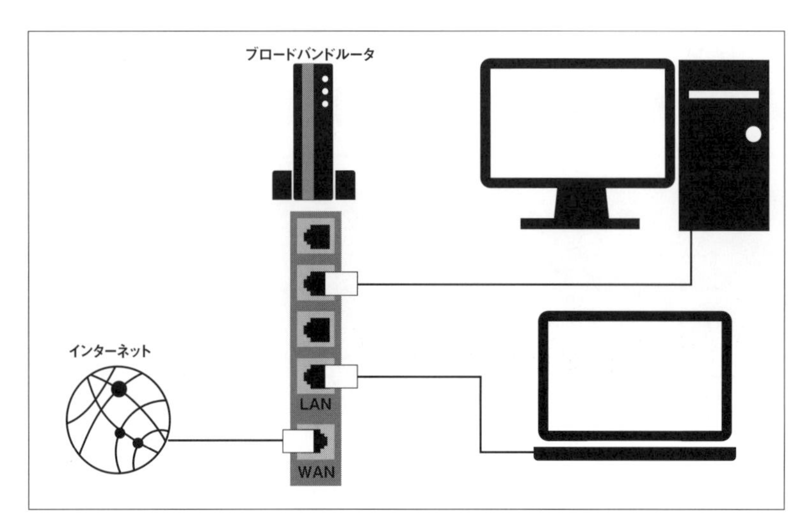

図6-4 インターネット接続

②実践

では、実際に2台のコンピュータを「ルータ」で「インターネット」に接続しよう。

③確認

２台がルータを通してつながったかを見るため「ping」を飛ばし、確認してみる。
すでに、①で見たように自動的に「IPアドレス」が取得されている。

ルータがインターネットにつながらなくても、あるいはつながってもLAN内での２つのコンピュータは「ping」が飛び、４回の応答がある。

問題は、ルータにインターネットをつなぐ際に注意することである。
「ルータ」の「WAN側」の設定が、会社や大学などが提供している「IPアドレス」と一致しているかである。
一致しているか確認のため、ルータを開き、設定の確認が必要となる。
ブラウザを開き、URLに、

```
http://192.168.11.1
```

と打ち、「ルータ」を呼び出す。
画面のパスワードとして「password」と打つ。

ルータの設定画面が出るので、「詳細設定」をクリックする。

画面の上の「Internet」をクリックし、さらに「Internet」をクリックする。

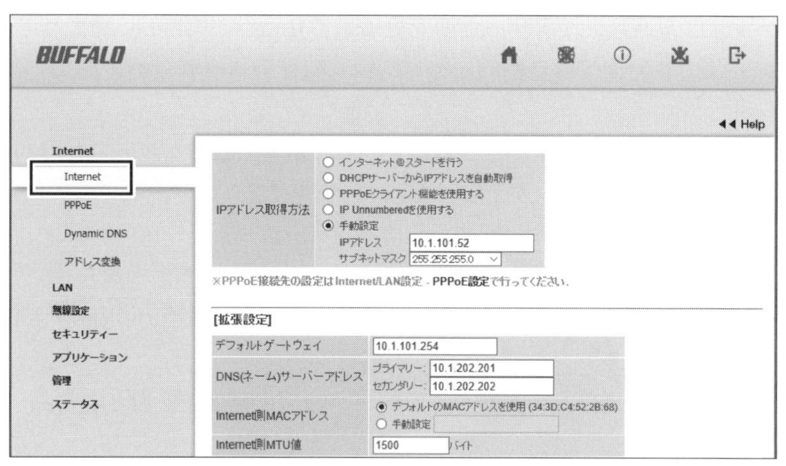

手動で設定した「IPアドレス」などをチェックする。

問題なければ「インターネット」につながったことになる(一致していない場合は、「WAN側」の設定を各自で修正する)。

ここで、「yahoo」のアドレスであるドメイン名「www.yahoo.co.jp」でなく、yahooの「IPアドレス」を打ってみよう(1章の1-4を参照)。

```
>ping  183.79.135.206
```

4回の応答があり、ネットワークはLAN内だけでなく、LAN外の「yahoo」サーバにもつながったことになる。

6-4　2台のコンピュータを「ルータ」で「無線接続」

さらに、2台のコンピュータをルータの「無線接続」でつなぐ方法を見てみよう。

[1]必要な装備

必要な機器、備品は6-3節とほぼ同じである。ただし、無線接続なのでコンピュータとルータをつなぐLANケーブルは必要ない。

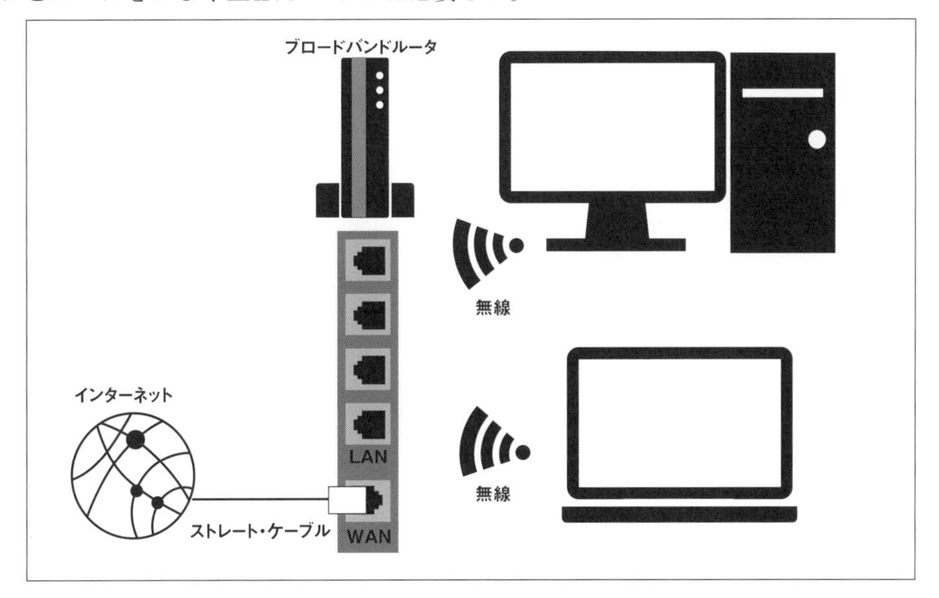

図6-5　無線接続

[2]実践

2台のコンピュータの「LANケーブル」を「ルータ」から外す。

[3] 接続

インターネットに接続するための手順をみておこう。

①コンピュータの「LANケーブル」を外す

②デスクトップ画面の「インターネットアクセス」を右クリック

Wi-Fiに現在接続可能なidの一覧が表示される。

③ルータの低部にあるidと暗号キーを書いてある紙を取り出す

④idとして「Buffalo-G-2B68」を選択後、「接続」をクリック

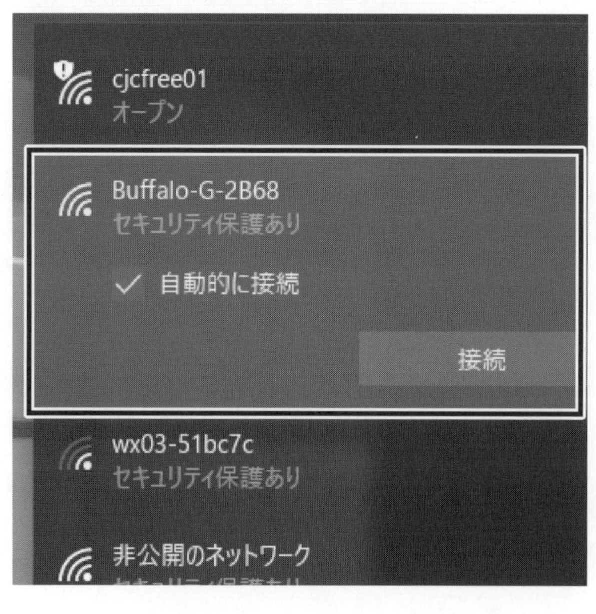

⑤暗号キーを入力後、「次へ」をクリック

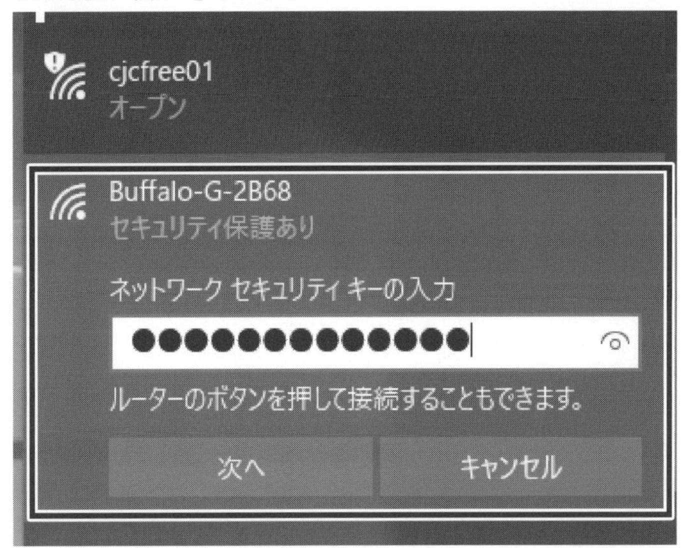

「Buffalo-G-2B68」が「接続済み」と表示される。

インターネットにアクセスができる。

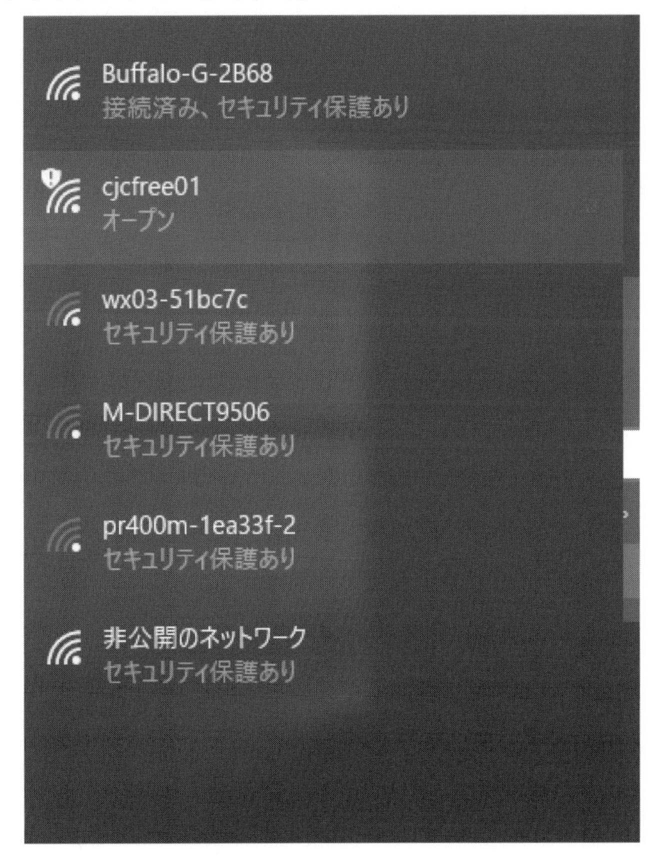

第7章

無線LANの構築の仕方

前章では、「有線」を中心にした「ネットワーク構築」の仕方を見てきた。
本章では、「ルータ」を使った「無線LAN」の構築、すなわちWi-Fiの設定の仕方を見ておこう。

7-1 「Wi-Fi」の「設定」をなぜするのか

「6-4節」で与えられた「Wi-Fi」サービスを使わず、なぜ独自に「Wi-Fi」の設定をするのか。その理由を見ておこう。

①お客へのサービスとして、独自の「Wi-Fiサービス」を行うため
②自宅に来たお客に、使っている「Wi-Fi」の「暗号キー」などを教えたくないため
③「Wi-Fiサービス」に「時間制限」をかけたいため
④その他

このような要求を満たすため、「Wi-Fi」の独自の設定を行なう。

7-2 Wi-Fi設定の手順

最初に、「Wi-Fi設定」のために必要な設備を準備しよう。

[1] Wi-Fi設定のための設備

Wi-Fi設定のための装備一式をみてみよう。

・コンピュータ
・ルータ(モデム組み込み)
・LANケーブル2本
・電源

最近では、インターネットへの接続は「ルータ接続」が基本となりつつあり、「モデム」に「ルータ機能」が付くことが増えてきた。

そのため、コンピュータで接続設定するケースは少なくなっている。

＊

ルータを導入するメリットは、大きく2つある。

「セキュリティの強化」と「複数台PCの接続」である。

ここではバッファローの無線ルータを例として、ルータを使ったインターネットの接続方法を紹介しよう。

ルータのメーカーが違っても基本的な接続方法はほとんど同じである。

次に、この設備を使って配線してみよう。

＊

[2]配線方法

①インターネット口に「LANケーブル」をつなぐ。

「LANケーブル」はいちばん下にある「WAN」とか「Internet」と表示されたところにつなぐ。

そこは1つだけ色が異なるポートになっている。

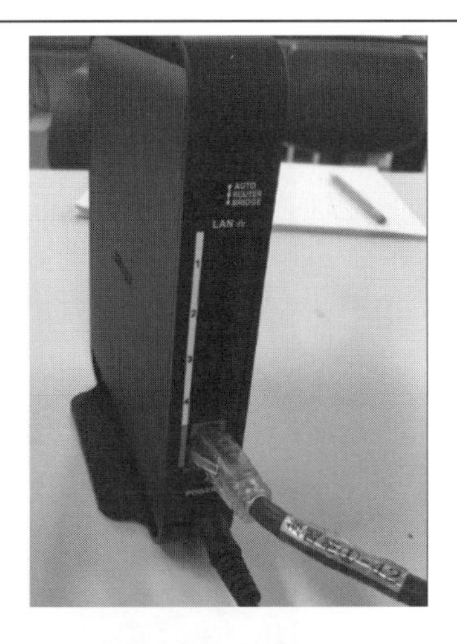

②次に、コンピュータからの「LANコード」を、「ルータ」にある4つの「ポート」の1つに挿し込む。どこに差し込んでもかまわない。

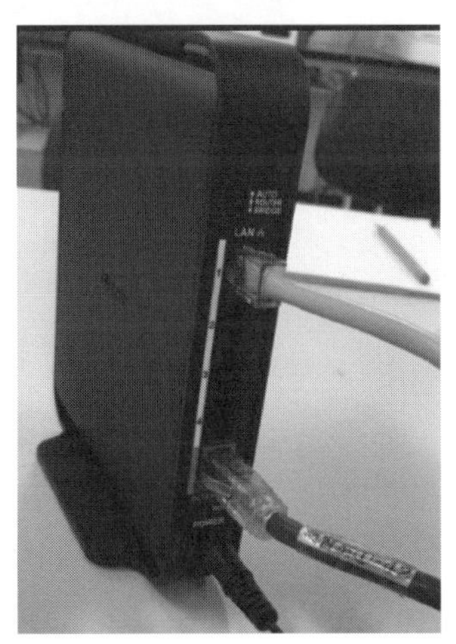

[3]「ルータ」に「ログイン」する

「ルータ」というのは、一種のコンピュータである。

ロムチップが内蔵されていて、設定を書き込んだり記憶したりしている。

「ルータ」にログインして各種設定ができる。

①ルータに「ログイン」する場合、まず「ルータのアドレス」を習得しなければならない。

コマンドプロンプトを呼び出し、「ipconfig」と入力する。

画面の「デフォルト・ゲートウェイ」(Default Gateway)のアドレスが「ルータのアドレス」となる。

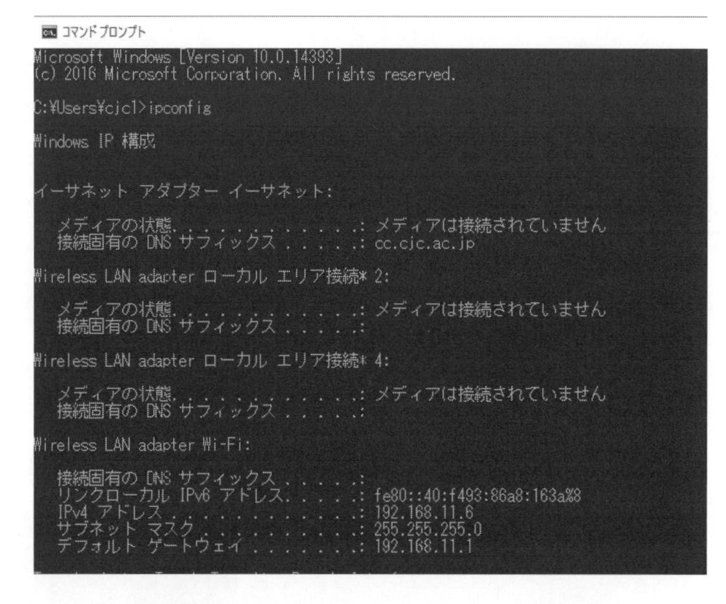

②「スタートボタン」をクリック後、「エクスプローラー」をクリック。

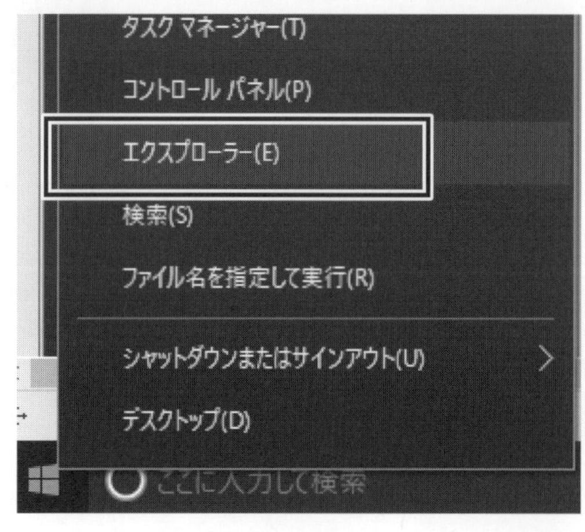

③ブラウザに「デフォルト・ゲートウェイ」のIPアドレスを入力する。

④入力後、「エンター」を打つと、次のログインする画面が表示される。

⑤ユーザー名に「admin」と入力する。
（機種によっては、「root」もある）。
続いて、パスワードとして、

```
password
```

と入力する。

⑥画面の「詳細設定」をクリックする。

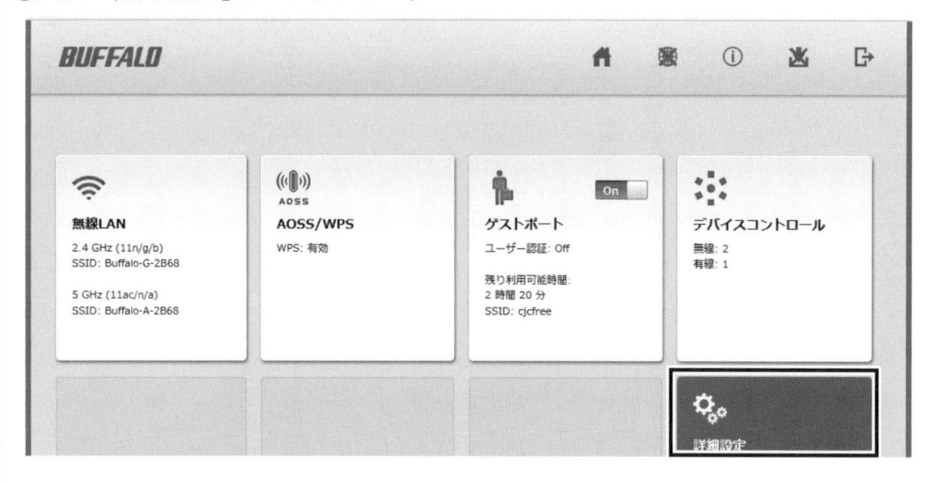

画面は次のようになる。

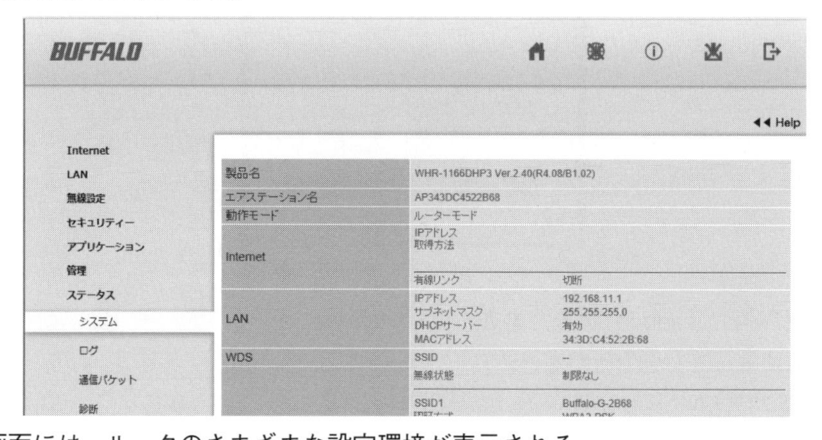

画面には、ルータのさまざまな設定環境が表示される。

7-3　ルータの初期化

すでに他の場所で使っている「ルータ」などの場合、7-4節の「無線LANの設定」に入る前に、ルータの「初期化」をしておこう。

＊

「ルータ」を「初期化」すると、今までの設定はすべて消え、購入時の状態に戻る。
設定をはじめからからやり直す場合などに使う。

「初期化」する方法は、(a)「管理画面」から行う方法と(b)「ルータ」の背後にある「初期化ボタン」を押す方法とがある。

ここでは、(a)の管理画面から行う方法を見てみよう。

③「設定管理/再起動」をクリック

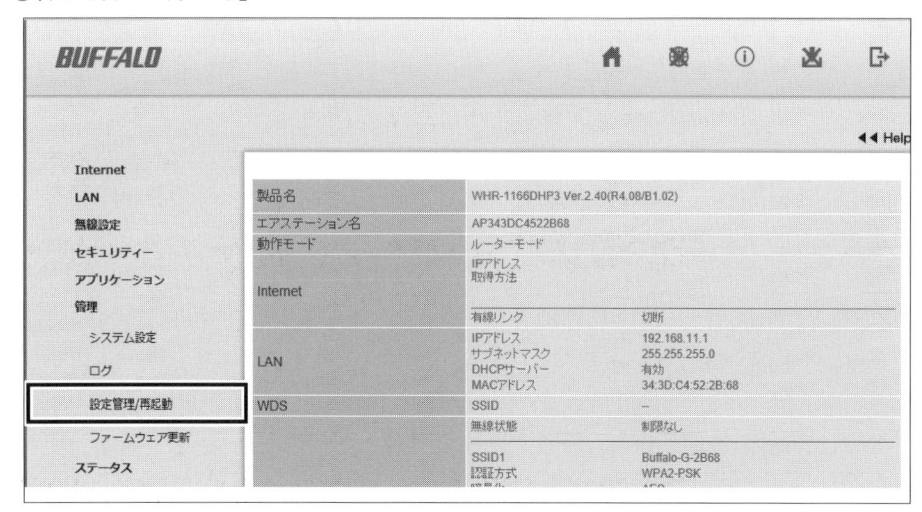

④「設定を初期化する」をチェック後、「設定操作実行」をクリック

BUFFALO

Help

Internet
LAN
無線設定
セキュリティー
アプリケーション
管理
システム設定
ログ
設定管理/再起動

設定管理

操作
○設定ファイルを保存する
○設定ファイルを復元する
◉設定を初期化する

設定操作実行

再起動

再起動 エアステーションを再起動します。
再起動

次の「初期化、再起動中です」の画面が表示される。

初期化・再起動中です。

あと約 90 秒、お待ちください。

その後、設定を続ける場合は、次の手順を行ってください。

1. WEBブラウザーを全て終了してください。
2. お使いのパソコンとエアステーションが通信できる設定になっている事を確認してください。
3. ユーティリティーからWEBブラウザーを起動してエアステーションのWEB設定を行ってください。

ユーティリティーの使い方はマニュアルを参照してください。

しばらくすると、「ルータ」の表示ランプが「緑」になり、初期化が完了する。

7-4　無線LANの設定

次に「無線LAN」の設定を見てみよう。

通常の「無線LAN」の仕組みは、「無線ルータ」を介して「コンピュータ」と「インターネット」をつなぐことである。

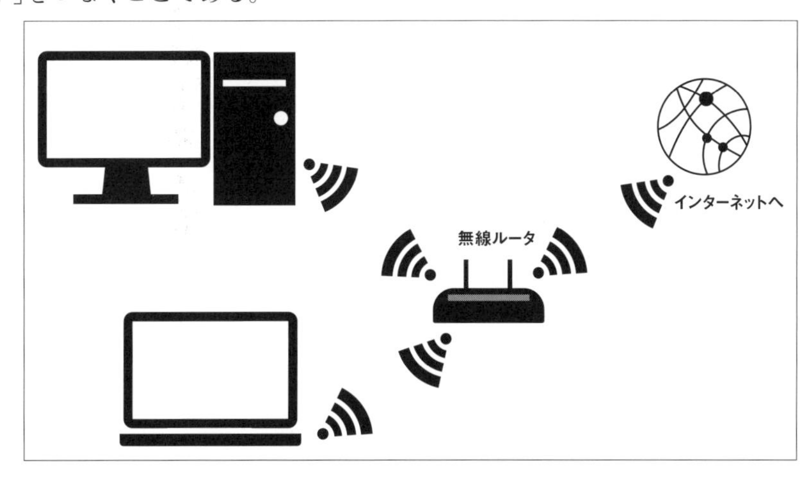

図7-1　無線LANの構図

[1]無線ルータへのアクセスの仕方

最初に「無線ルータ」にアクセスするため、「7-2節」と同じようにブラウザを開き、「デフォルト・ゲートウェイ」の「IPアドレス」を打つ。

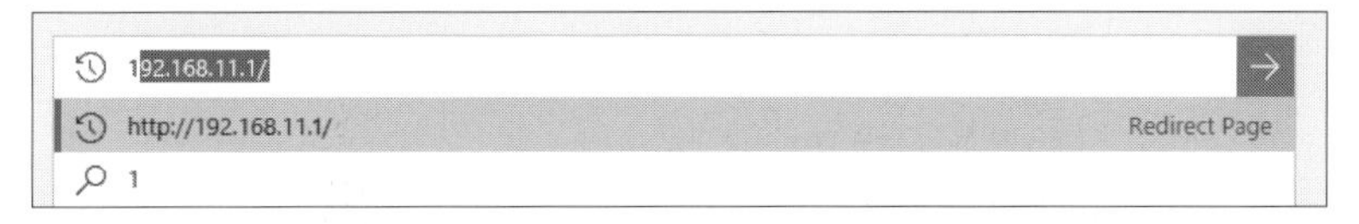

画面は次のようになるので、「ユーザー名admin」「パスワードpassword」を入れる。

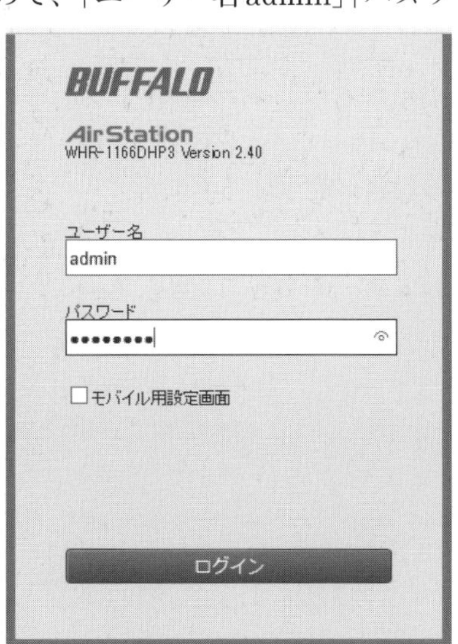

ログインすると、次の画面が表示される。

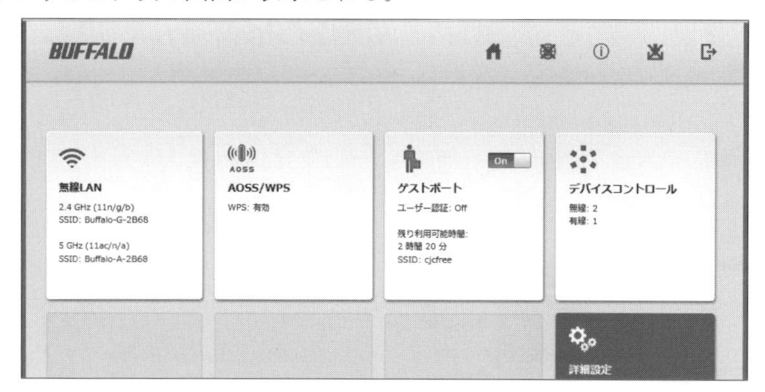

[2]設定

ここで、「無線LANの設定」に入ろう。

まず、「ゲストポート」を「On」にして、「ゲストポート」個所をクリックする。

画面の「SSID」を「cjcfree01」と入力し、後はデフォルトのままとする。

画面の「設定」をクリックする。

意外と簡単に無線LANの設定が完了する。

ホームに戻るため、画面の「ホームアイコン」をクリックする。

[3]接続

設定が完了したので、接続を見てみよう。

接続前に、「ルータ」につないであるケーブルを外す。

①デスクトップ画面の下の「インターネットアクセス」を左クリックする。

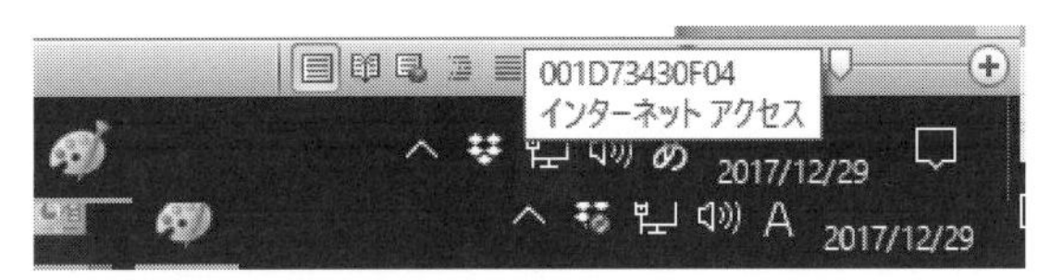

②画面のcjcfree01をダブルクリック。

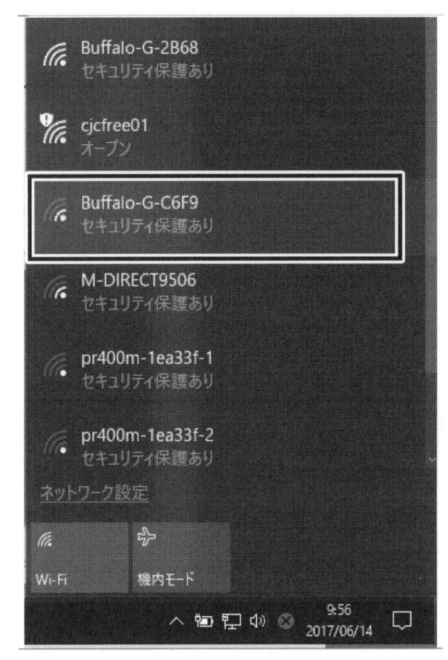

③画面の接続をクリック。

④画面下に、Wi-Fiの接続アイコンが表示される。

この表示記号が出れば、無線でインターネットが接続できたことになる。
各自、yahooのホームページに接続してWi-Fiが使えるか確認しよう。

7-5　「スマートフォン」への接続

次に、「スマートフォン」から「インターネット」に接続してみよう。

現在、スマートフォンは「iPhone系」と「Android系」があり、両者の接続方法は若干異なる。
最初に、**「iPhone」系の接続方法**を見てみよう。

[1] iPhone系の接続方法
「iPhone」系の接続方法の手順を見てみよう。

①iPhoneの「ホーム画面」の「設定」をクリック

②「設定」画面の「Wi-Fi」をクリック

③「設定」画面の右端のボタンを押し、「OFF」を「ON」に変更

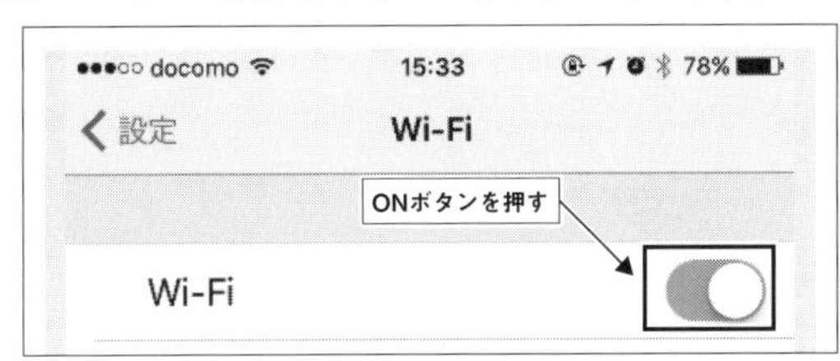

④画面の「cjcfree010」をタップ
　無線につながると、チェックマークが表示される。

⑤画面右端の「i」マークを押す

⑥画面のプロキシ構成をタップ後、手動をクリック

⑦「サーバ」に「プロキシ」を、「ポート」に「ポート番号」を入力

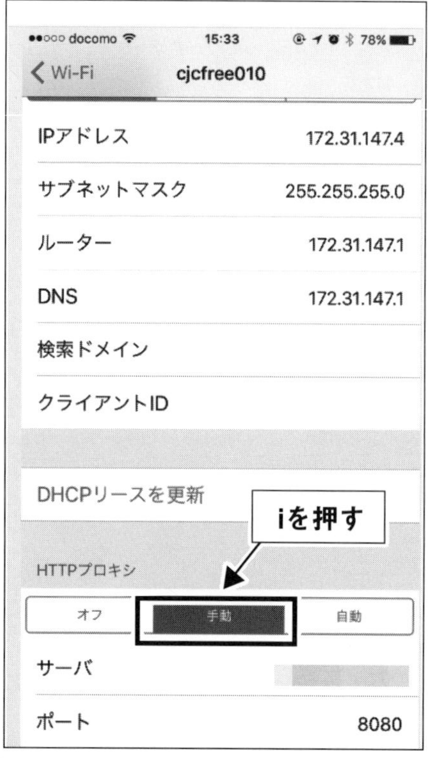

サーバ　■■■■■.ac.jp
ポート　8080

⑧「保存」をクリック
　前の画面に戻るか、設定画面を閉じてホームに戻る。

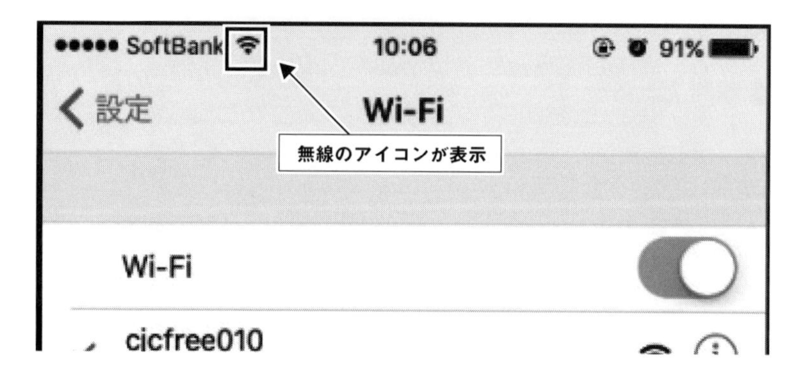

接続が完了したので、各自インターネットに接続してみよう。

[2] Android系の接続方法

「Android系」の接続方法を簡単にみてみよう。

①Android機種のホーム画面の「設定」をクリック
②画面のcjcfree01の個所を長押し、表示される「ネットワーク変更」を選択
③画面を下に動かし、「詳細オプション」にチェックを入れる
④画面を下に動かし、プロキシの「ホスト名」と「ポート番号」を入力

```
プロキシのホスト名　[illegible].ac.jp
プロキシポート　8080
```

Wi-Fiに接続完了する。
接続が完了したので、各自インターネットに接続してみよう。

第8章

NASの設定と役割

ネット時代、情報量の増大とともに、仕事上のデータ処理が、企業にとって大きな課題となってきている。

すでに、「第1部」では、「クラウド」を使い大量のデータをインターネット上で処理する方法を実践してきた。

本章では、企業データを「イントラネット」(LAN)で大量に処理する方法である、「NAS」を見てみよう。

このNASの導入によって、大量データの保存や共有ができ、企業は業務効率を上げることができる。

8-1 NASの設定

NASを設定するための装備を見てみよう。

[1]必要な機器及び備品

・コンピュータ…2台(1台でもOK)
・ルータ
・ストレート・ケーブル
・インターネット回線
・NAS (Synology)本体
・「HDD」または「SSD」(Solid State Drive)のいずれかを…2台
(データの記憶装置であるハードディスクとして)

※ハードディスクを選ぶ際には、「容量」「回転数」などを考慮して選択
※ハードディスクを2台用意するのは、一つのディスクが破損しても、バックアップをとりながら、もう1台に保存できるようにするため。
(「ミラーリング」、または「RAID-1」という)。

[2] NASの設定

今回の「シノロジーNAS」は「本体」のみで、「ハードディスク」はユーザーが別途購入し、インストールしなければならない。

そのため、ハードディスクを当初から埋め込んだものとは異なり、操作に若干手間がかかり、面倒。

ただ、ハードディスクの容量や種類を自分で設定できる大きな魅力がある。

＊

ハードディスクを組み込んだ「NAS」の設定を見てみよう。

ここでは、「起動時間」を短くして、できるだけ「電力消費」を抑え、素早く作業を済ませてしまいたいので、「SSD」を選択した。

「NAS」を開き、SSDを2枚組み込む。

組み込みは簡単である。

「NAS」のケースを外し、「SSD」を金具に合わせて入れて、付属のネジを止めるだけである。

NASを開いた状態

NASにSSDを組み込む

ここで、「ハードディスク」として選んだ「SSD」は、現在「2.5インチ」仕様しかなく、ネジが合わないため、装着用の「アダプター」を購入して使っている。

(「3.5インチ」のHDDは、スムーズにネジを止めることができる)。

[3] NASを使ったネットワークを構築

NASに付属で付いている白い「ケーブル」でルータにつなぐ。

そして、「ルータ」には「インターネット回線」と2台の「コンピュータ」を、「ストレート・ケーブル」でつなぐ。

接続する回線が複雑なのでコンピュータの背後の配線図を見てみよう。

8-2　NASの起動

NASを起動するため、NASの電源を入れる。

青い電源ランプが点滅する。

しばらくすると、「DISK1」と「DISK2」の個所のランプが順次、緑に点滅する。

“ピー”と音がして、点滅している「青ランプ」がつきっ放しになる。

起動が完了。

> ※まだOSがないので、「STETUS」のランプはオレンジが点滅している。

8-3 NASの初期設定

NASの「初期画面」を初めて呼び出す場合を見てみよう。

[1]ブラウザに次の「アドレス」の、いずれかを打つ。

「http://find.synology.com」か「http://diskstation:5000」

今回は「http://find.synology.com」を次のように打つ。

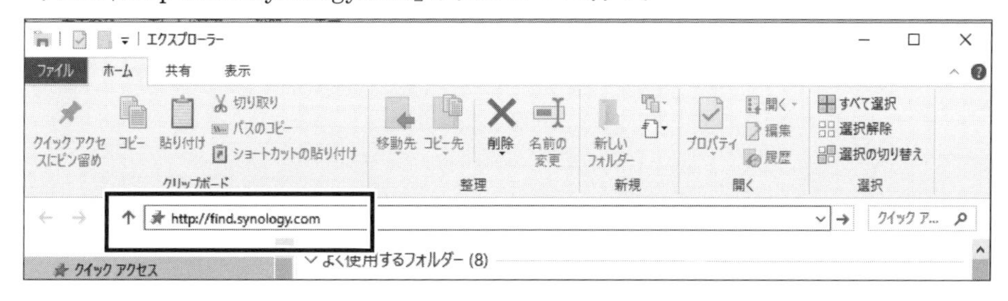

[2]画面から「接続」をクリック

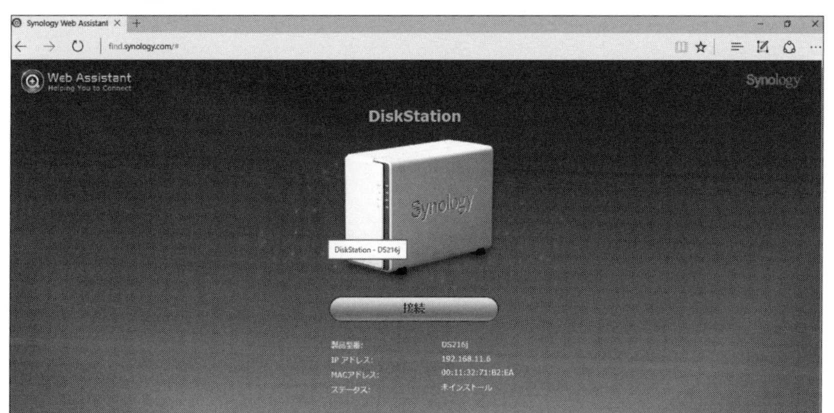

[3]画面の「…ダウンロードセンターからダウンロード…」の個所をクリック

[4]画面の「DSM6.1.4」のファイルをクリック

[5]ファイルをどこに保存するか聞いてくるので、デスクトップに保存する。

[6]ダウンロードが終了すると、「開く」をクリック

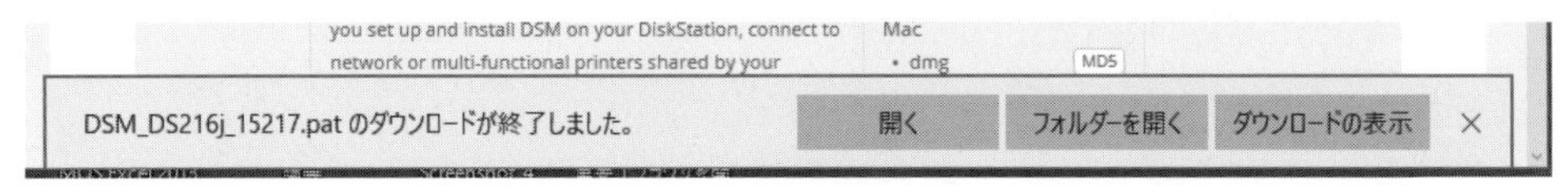

画面にDSM・・・が保存される。

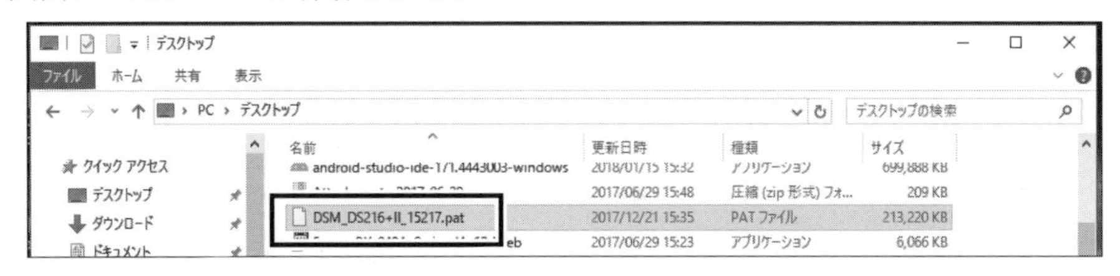

[7]「DSM・・・」ファイルをクリックし、「開く」をクリック

[8]NASの画面に戻り、「参照」をクリック

画面下の、「今すぐインストール」をクリックすると、次の警告文が出る。

[9]チェック後、OKを打つ。

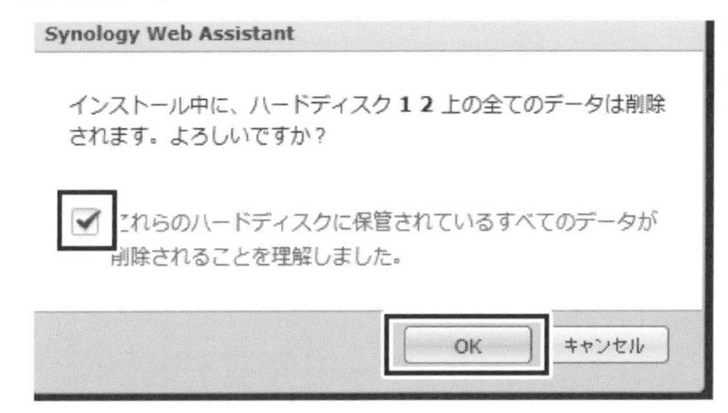

[10]インストールがはじまる

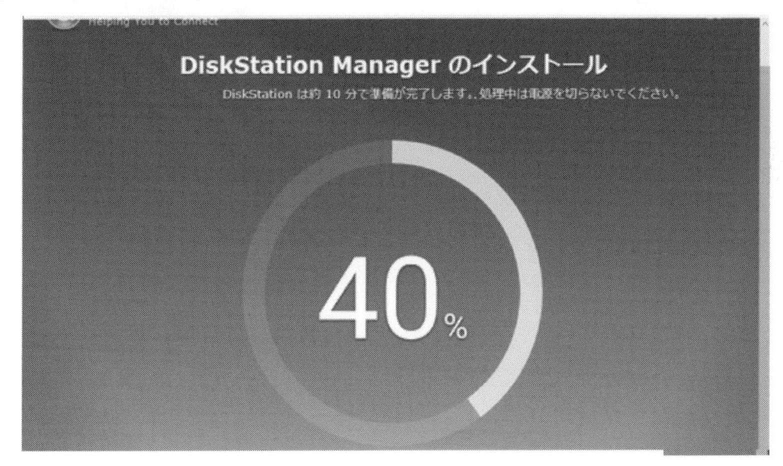

最初の「%表示」のときは、HDDをフォーマット→DSMをSynologyからダウンロード→ダウンロードしたDSMを自動的インストールする。

続いて、次の画面に時間が表示される。
再起動に10分ぐらいかかる。

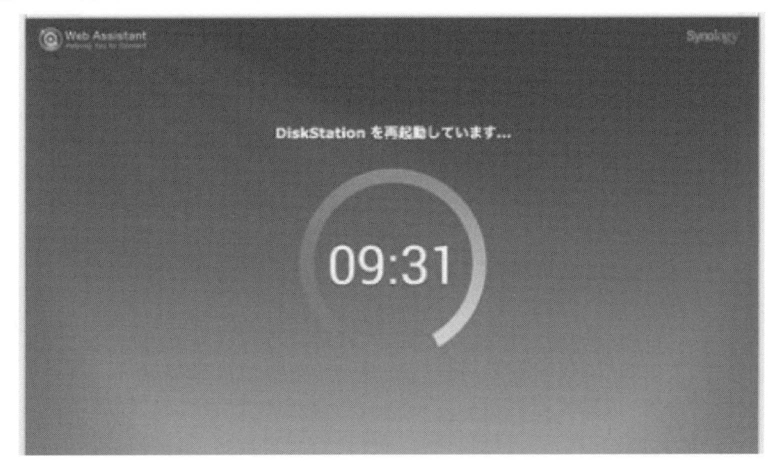

[11] 再起動が終わると、自動的に"ようこそ"の画面が表示されるので、「次へ」をクリック

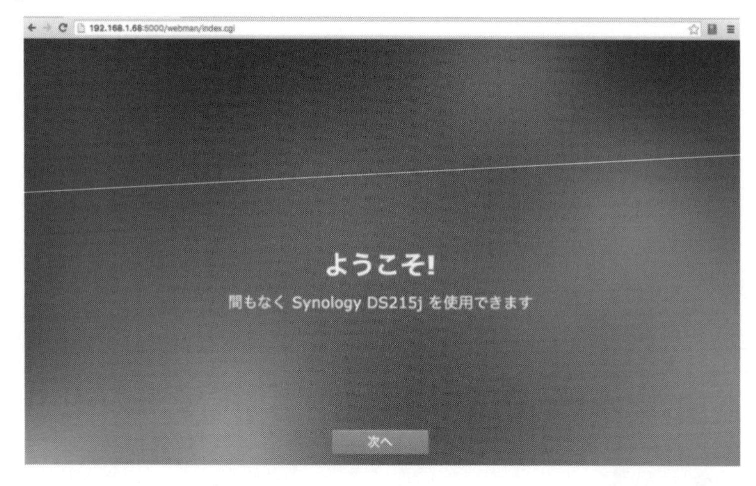

[12]「管理者アカウント」作成画面から、必要項目を入力後、「次へ」をクリック

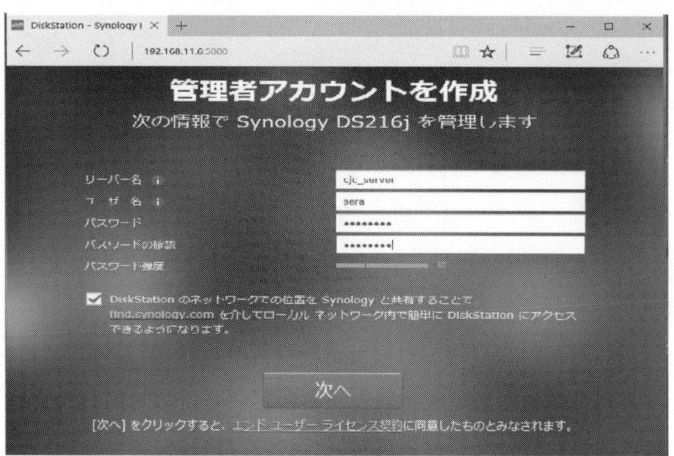

次に、「サーバの名前」と「管理者」の「アカウント」を作る。ここはすべて入力する。

・サーバ名:
ネットワーク上で表示される名前で、「英数字」で記載する
「マイネットワーク」などで表示されるので、分かりやすい名前にする。

・ユーザー名:
管理の「アカウント名」になり、こちらも「英数字」で記載。
この「ユーザー名」が「ログインID」となるので、絶対に忘れないようにする。

・パスワード:
上記の「ユーザー名」に対する「パスワード」になる。
初期設定では8文字以上の「英数字」になる。また、「小文字」「大文字」も区別される。

・パスワードの確認：
間違わないように上記の「パスワード」を入力する。

[13]「次へ」をクリック

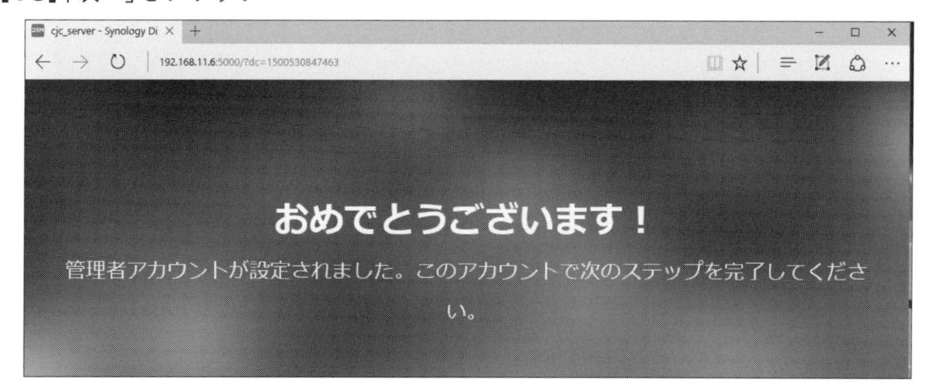

[14]画面の「DSMの重要なアップデート…」にチェックを入れた後、「次へ」をクリック。

「DSM」はSynologyNASのOSなので、Windowsアップデートのように日々の更新がある。
これには「バグやセキュリティの修正」も含む。

このアップデートを「全自動でするのか？」「手動でするのか？」を設定する。
また、「全自動」でする場合でも、「いつ新しい更新をチェックするのか？」を設定する。

お勧めは、2番目の、“DSMの重要なアップデートを自動的にインストールする”である。
特にこだわりがない場合は、これを選択して、”次へ”をクリックする。

[15]「QuickConnect」の「設定画面」が出るが、無視し、「この手順をスキップする」をクリック

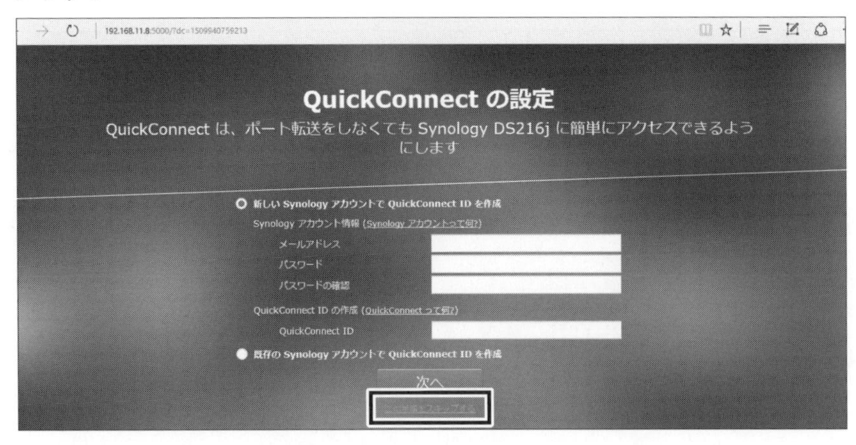

[16] メッセージが出るので、「はい」をクリック

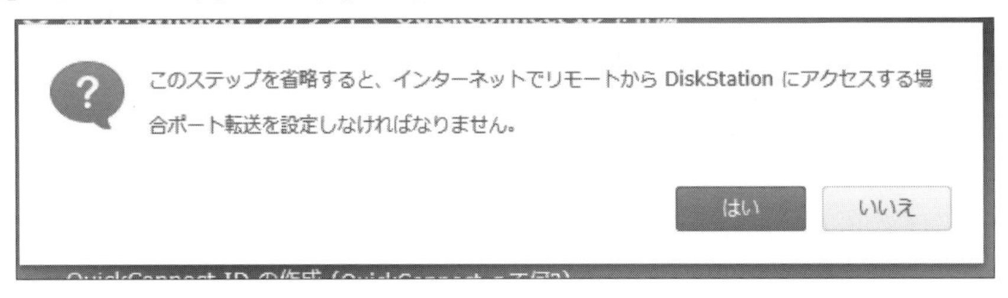

[17]「Synology推奨パッケージ」のインストール画面が出るが、無視し、「この手順をスキップする」をクリック

[18]「移動」をクリック

無事に起動すると、ウェブブラウザ上でWindowsのようなユーザーインターフェイスが特徴的な「DSM」(DiskStation Manager)の画面が表示される。

管理者は、この初期画面から、「ユーザーの作成」や「共有」などを操作することになる。

インストールが完了する。

8-4 2回目以降のDSMの起動

「DSM」を呼び出す、2回目以降の「NAS」の起動を見てみよう。

[1] NASの「初期画面」を呼び出す

電源を入れたのち、「NAS」の「初期画面」を呼び出すため、2回目以降、ブラウザに「IPアドレス」を、次のように入力する。

(この「IPアドレス」は、NASが自動的に割り当てるので、固定していないため、各自割り当てられる「IPアドレス」を探さなければならない。通常は、「192.168.11.1」～「192.168.11.6」の範囲にあるIPアドレスを、1つずつ入れてみる)。

```
192.168.11.6
```

[2] 「ID」と「パスワード」の入力

[3] NASの初期画面の表示

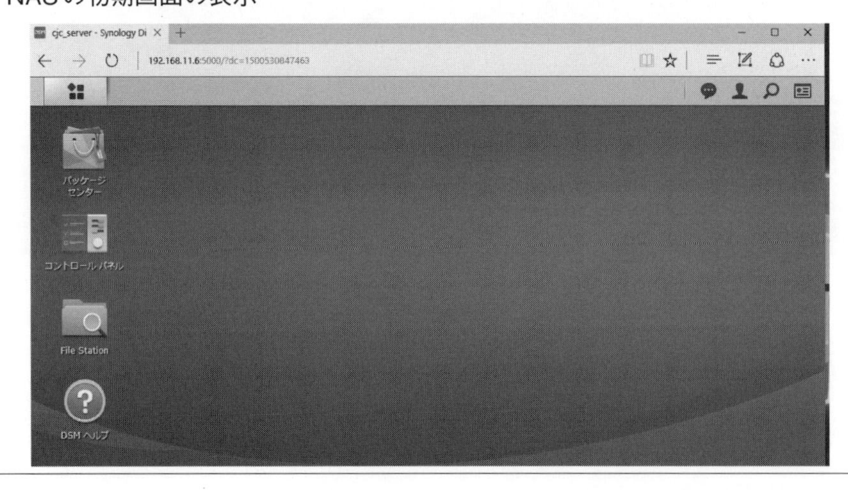

8-5 NASによるファイルの共有設定

NASによるファイルの共有設定をするため、最初に共有を許可するユーザーを作成する。

■ユーザーの作成

[1] DSM (DiskStation Manager)の画面を表示

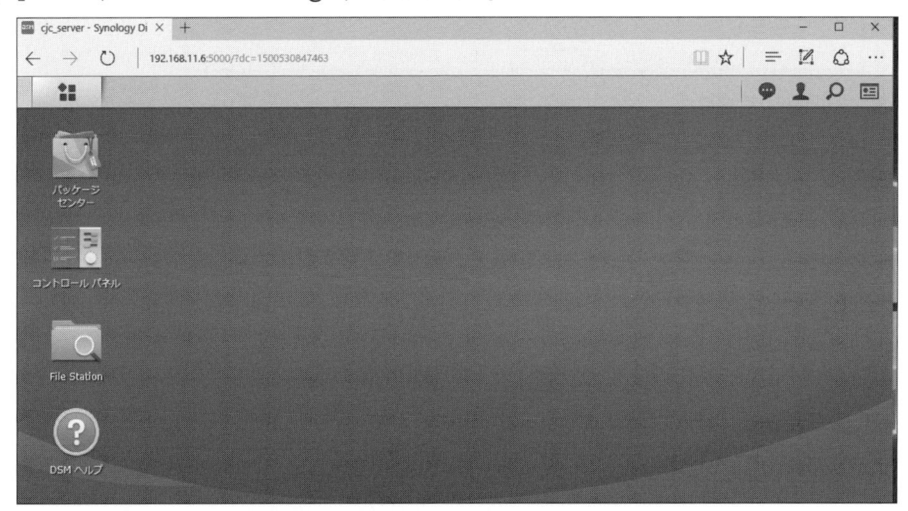

[2]「コントロールパネル」をクリック後、「ユーザー」をクリック

[3]「ユーザー」をクリック後、「ユーザー作成」をクリック

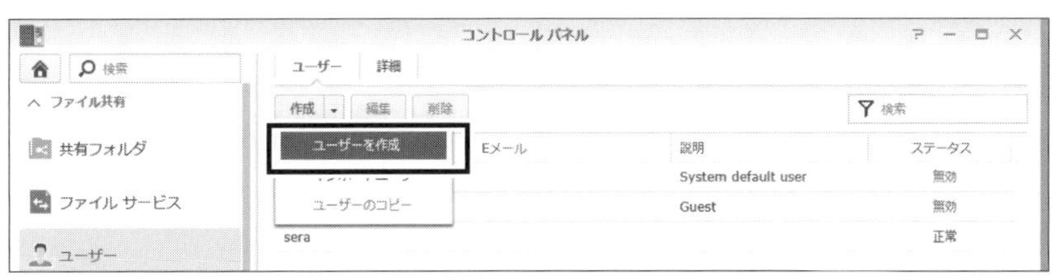

[4]画面の「名前」と「パスワード」の設定後、「次へ」をクリック

[5]「次へ」をクリック

[6]「次へ」をクリック

[7]「次へ」をクリック

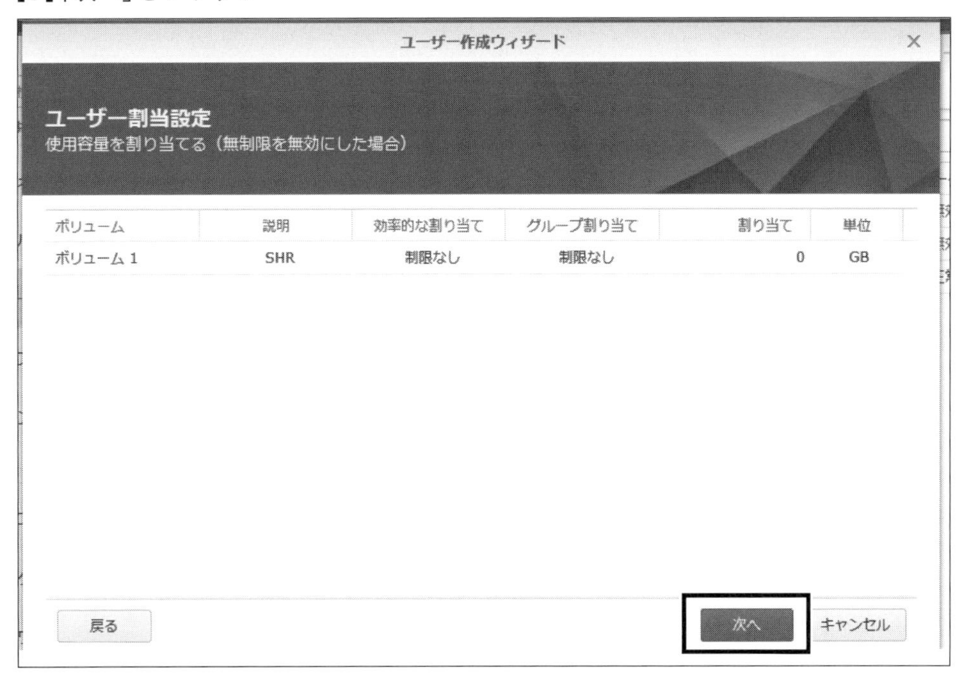

[8] すべての「名前」に「許可する」とのチェックを入れた後、「次へ」をクリック

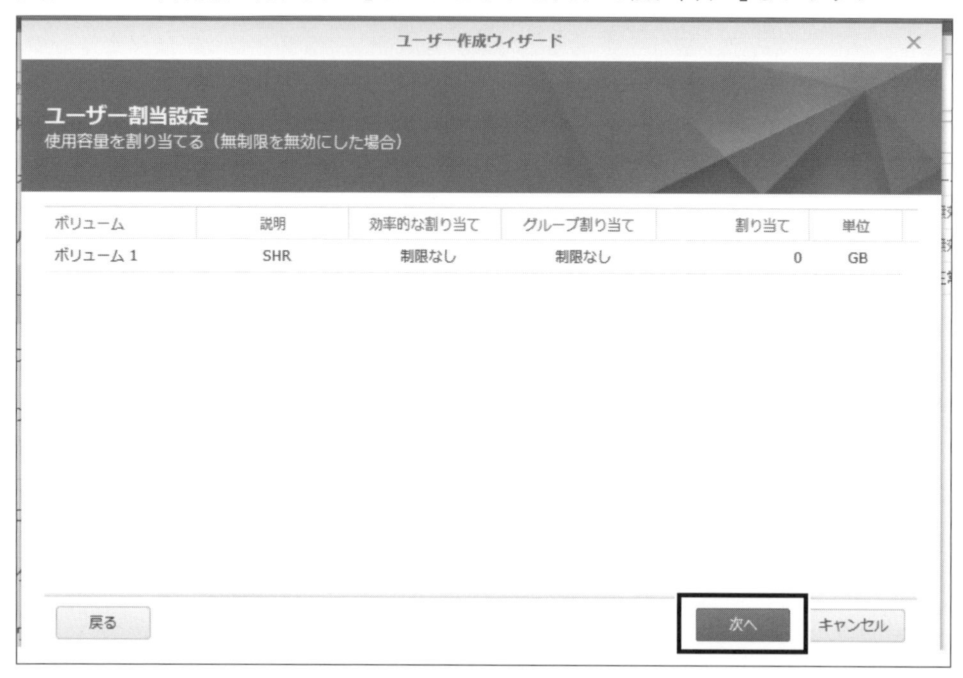

[9] 「次へ」をクリック

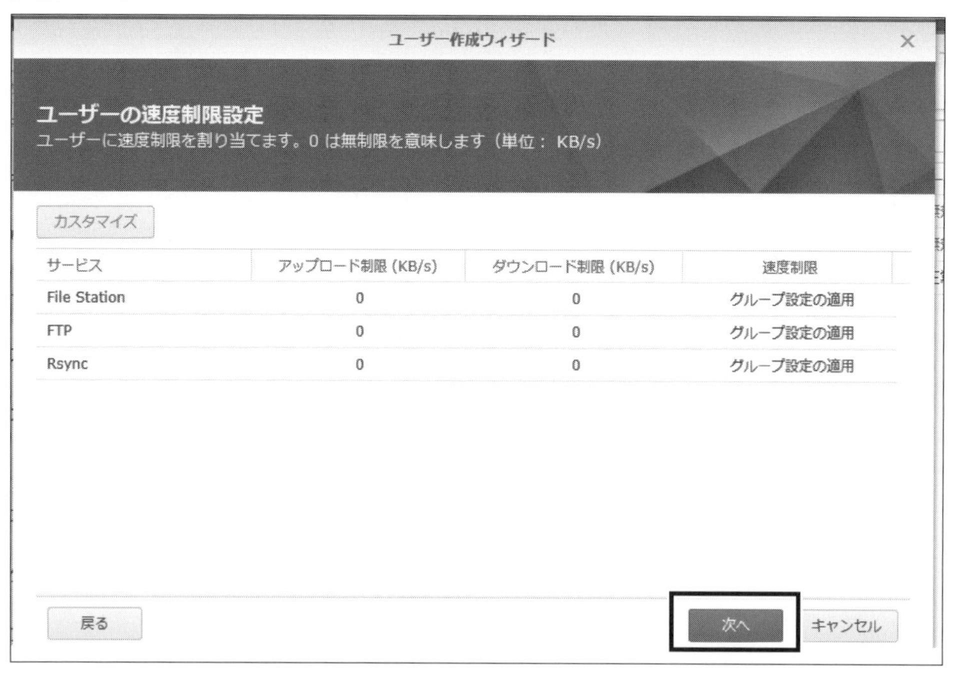

[10]「適用」をクリック

ユーザーとして「ume」が作成された。

■共有フォルダの作成

「ユーザー作成」が終わったので、次に「共有フォルダ」を作ろう。

[1] コントロールパネルをクリック

[2] コントロールパネルの「共有フォルダ」をクリック

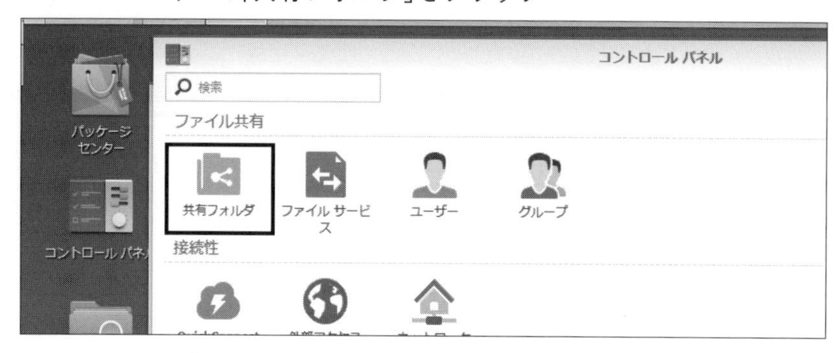

[3] 画面の「共有フォルダ」をクリックし、さらに作成をクリック

[4]名前に「共有フォルダ」と記載後、「OK」ボタンをクリック

新規共有フォルダの作成

全般

名前: 共有フォルダ

説明:

場所: ボリューム 1 (空き容量: 247.28 GB)

「マイネットワーク」での共有フォルダを非表示にします

無許可のユーザーにサブフォルダとファイルを見せない

ごみ箱を有効にする

管理者のみにアクセスを許可する

注意: ごみ箱を空にする日時を設定するには

この共有フォルダを暗号化する

暗号化キー:

確認キー:

キー マネージャに暗号化キーを追加する

注意: キー マネージャを有効化して暗号化キーを管理する方法

OK　キャンセル

[5]「ユーザーume」の「アクセス権」として、「読込み/書き込み」をチェック後、「OK」ボタンをクリック

共有フォルダ共有フォルダの編集

全般　権限　高度な権限　NFS 権限

ローカルエリア　検索

名前	プレビュー	グループ権限	アクセスなし	読込み/書込み	読込み専用	カスタム
admin	読込み/書込み	読込み/書込み				
guest	アクセスなし	-				
sera	読込み/書込み	読込み/書込み		✓		
ume	読込み/書込み	-		✓		

4 個のアイテム

OK　キャンセル

「コントロール画面」に戻ると、「共有フォルダ」が出来ている。

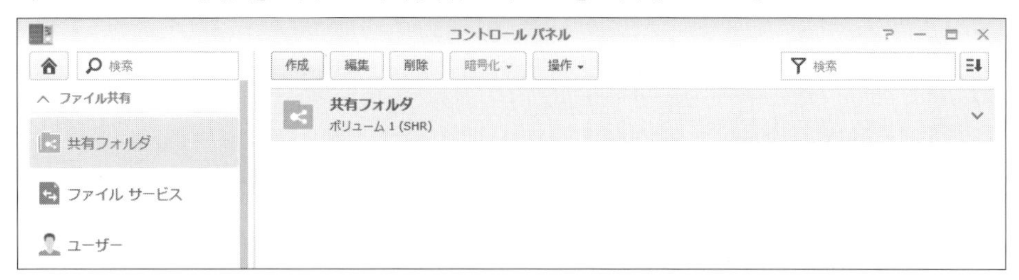

[6] 今作った「共有フォルダ」にファイルを読み込むため、「File Station」をクリック

[7] 画面の「アップロード」をクリック後、「アップロード・スキップ」をクリック

[8]「データ・ファイル」として、コントロールを押したままドキュメントにある「図1」と「募集戦略3」をクリック後、「開く」をクリック

※ファイルの「図1」と「募集戦略3」はすでに各自がワードで作り「ドキュメント」に「保存済み」とする。

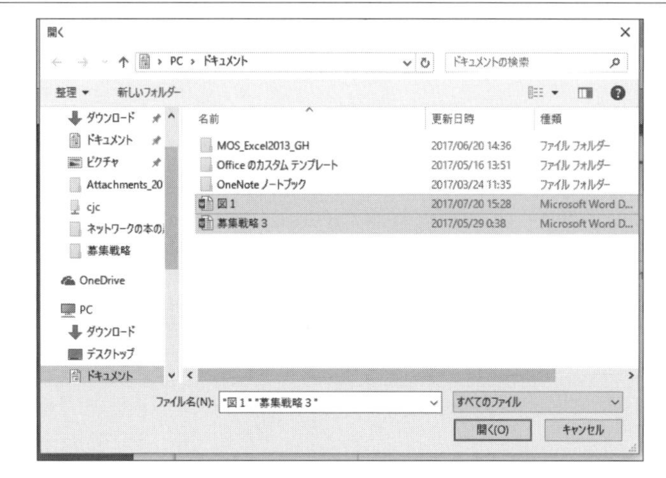

「共有フォルダ」に2つの「データ・ファイル」が保存される。

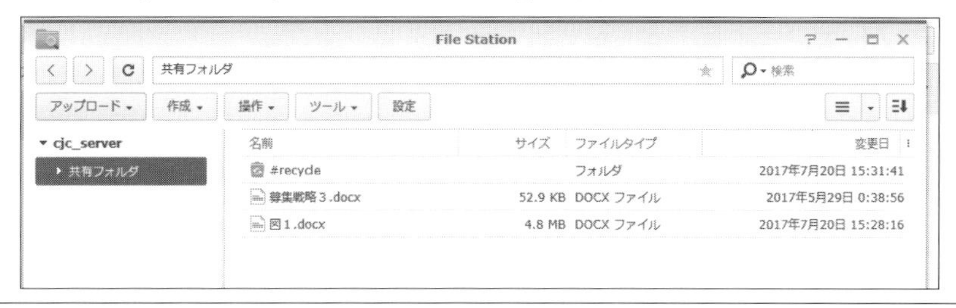

■ユーザーumeのデータの読み込み

共有フォルダに保存した2つのデータを2つの方法で読み込んでみよう。

●第1の方法

[1]エクスプローラーをクリックし、画面のアドレス個所に次のように打つ。

```
¥¥192.168.11.6
```

[2]「ユーザー名」と「パスワード」を聞いてくるので、「ユーザー名(ume)」と「パスワード」を入力後、「OK」を打つ。

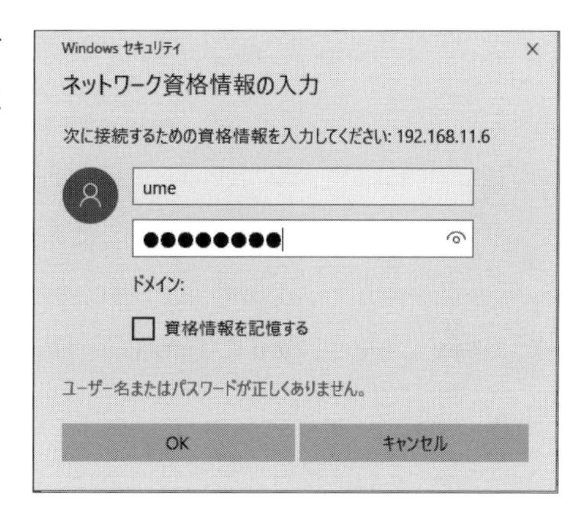

[3]「共有フォルダ」の表示

[4]「共有フォルダ」をクリック

画面に、「データ・ファイル」が表示される。

●第2の方法

[1]エクスプローラーを開き、「ネットワーク」をクリック

[2]画面に表示されたコンピュータ名の「cjc_server」をクリック

[3]「ユーザー名」と「パスワード」を聞いてくるので、次のように入力

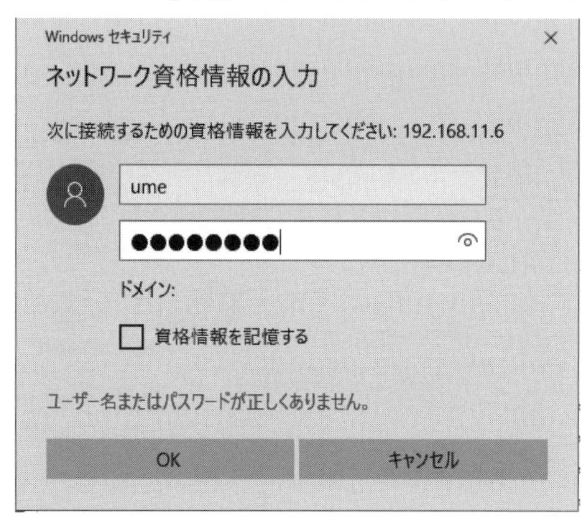

共有フォルダが表示されるので、それをクリックすると、ファイルが表示される。

8-6　“アクセス権なし”に誰でもアクセス可能な措置

前節では、「共有フォルダ」にアクセスするには「ユーザー名」と「パスワード」の「資格情報」の入力が求められた。

ここでは、「アクセス権なし」であっても「誰でもアクセス可能」な措置を見てみよう。

[1]「共有フォルダ」の「共有」の拡張

NASの「起動画面」から、「コントロールパネル」をクリック後、“共有フォルダ”をクリックする。

メニューの「編集」をクリック後、「権限」をクリックする。

表示される画面から、共有フォルダの「guest」の「読み/書込み」にチェックを入れる。

チェック後、「OK」をクリックする。

[2]「ユーザー権限」の無効化

次に、「ユーザー権限」の「無効措置」を設定しよう。

①NASの起動画面から、コントロールパネル、さらにはユーザーをクリック

②画面のguestを右クリック
　出てくる画面から「編集」をクリックする。

③guest画面にある「このユーザーを無効にする」のチェックを外した後、OKをクリック

　エクスプローラーをクリックし、「アドレス」の個所に、

```
¥¥192.168.11.6
```

と入力すると、「アクセス権」を入力しなくても「共有フォルダ」が表示される。

8-7 NASの初期化

2回目以降、「NASの初期化」をしたい場合がある。この「初期化」の方法を見ておこう。

[1] NASの初期画面を呼び出す

電源を入れたのち、NASの「設定画面」を呼び出すため、ブラウザに「IPアドレス」を次のように入力する。

```
192.168.11.6
```

[2]「ユーザー名」と「パスワード」を入力する。

「サインイン」をクリックする。

[3] 画面の「コントロールパネル」をクリック

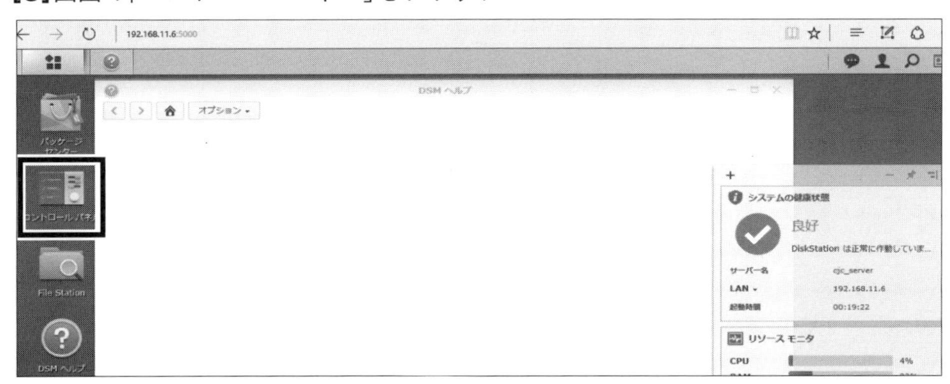

[4]「更新と復元」をクリック

[5]画面上部の「リセット」タブをクリック

[6]コントロール画面の「すべてのデータを消去」をクリック

[7]「初期値リセット画面」の「すべてのデータを消去」をクリック

初期値リセット

データは完全に削除され、DiskStation デバイスはデフォルト値に復元されます。よろしいですか？

すべてのデータが削除され、復元できないことを理解しました

すべてのデータを消去　いいえ

[8]「パスワード」を入力後、「送信」ボタンをクリック

パスワードの入力

続行するには、DSM アカウントのパスワードを入力してください。

パスワード:

送信　キャンセル

[9]次のメッセージが表示される

DiskStation が再起動しています再起動が完了したら、Synology Assistant を使用して DiskStationを検索して接続します。

しばらくすると、初期化された画面が表示されるので、「設定」をクリック。

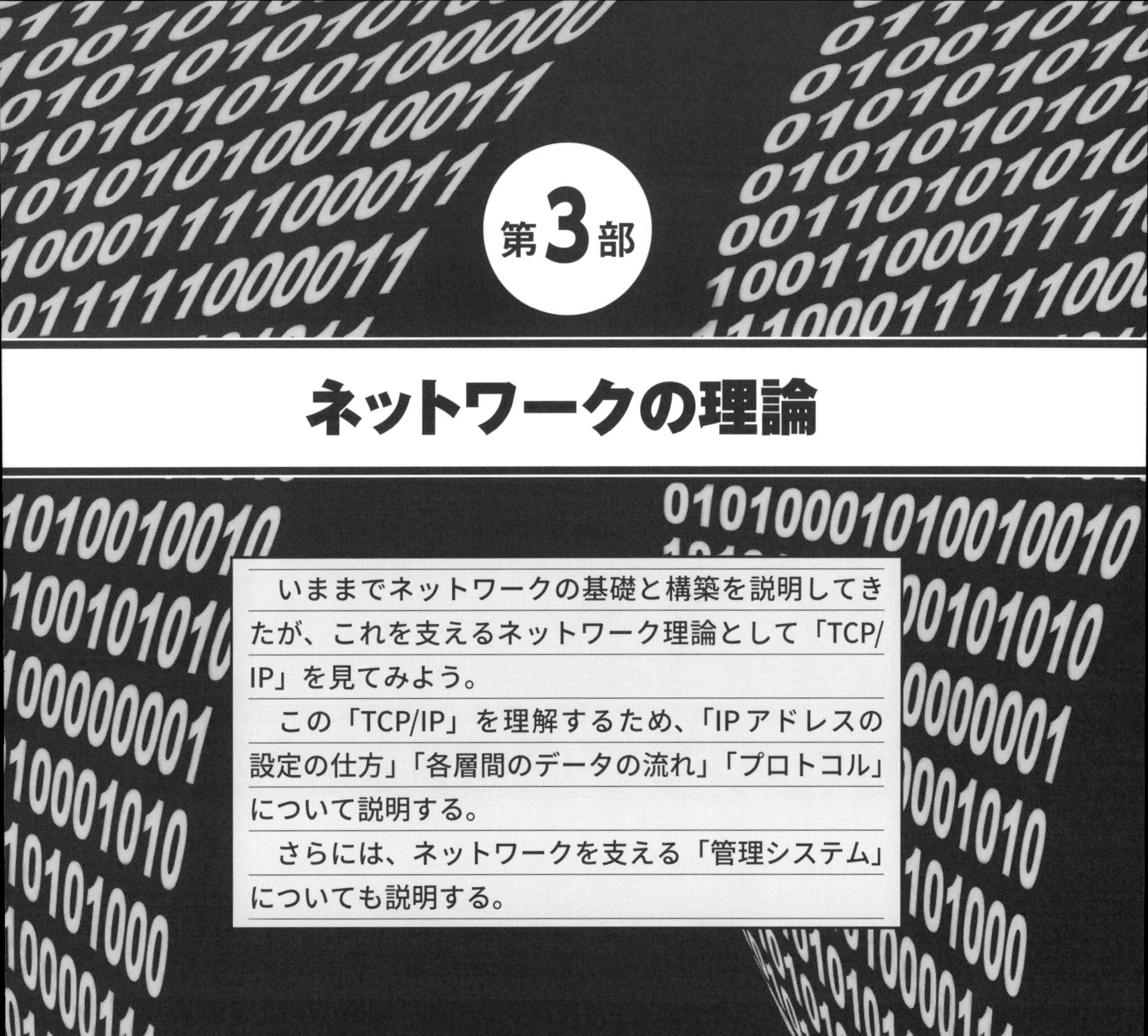

第3部

ネットワークの理論

いままでネットワークの基礎と構築を説明してきたが、これを支えるネットワーク理論として「TCP/IP」を見てみよう。

この「TCP/IP」を理解するため、「IPアドレスの設定の仕方」「各層間のデータの流れ」「プロトコル」について説明する。

さらには、ネットワークを支える「管理システム」についても説明する。

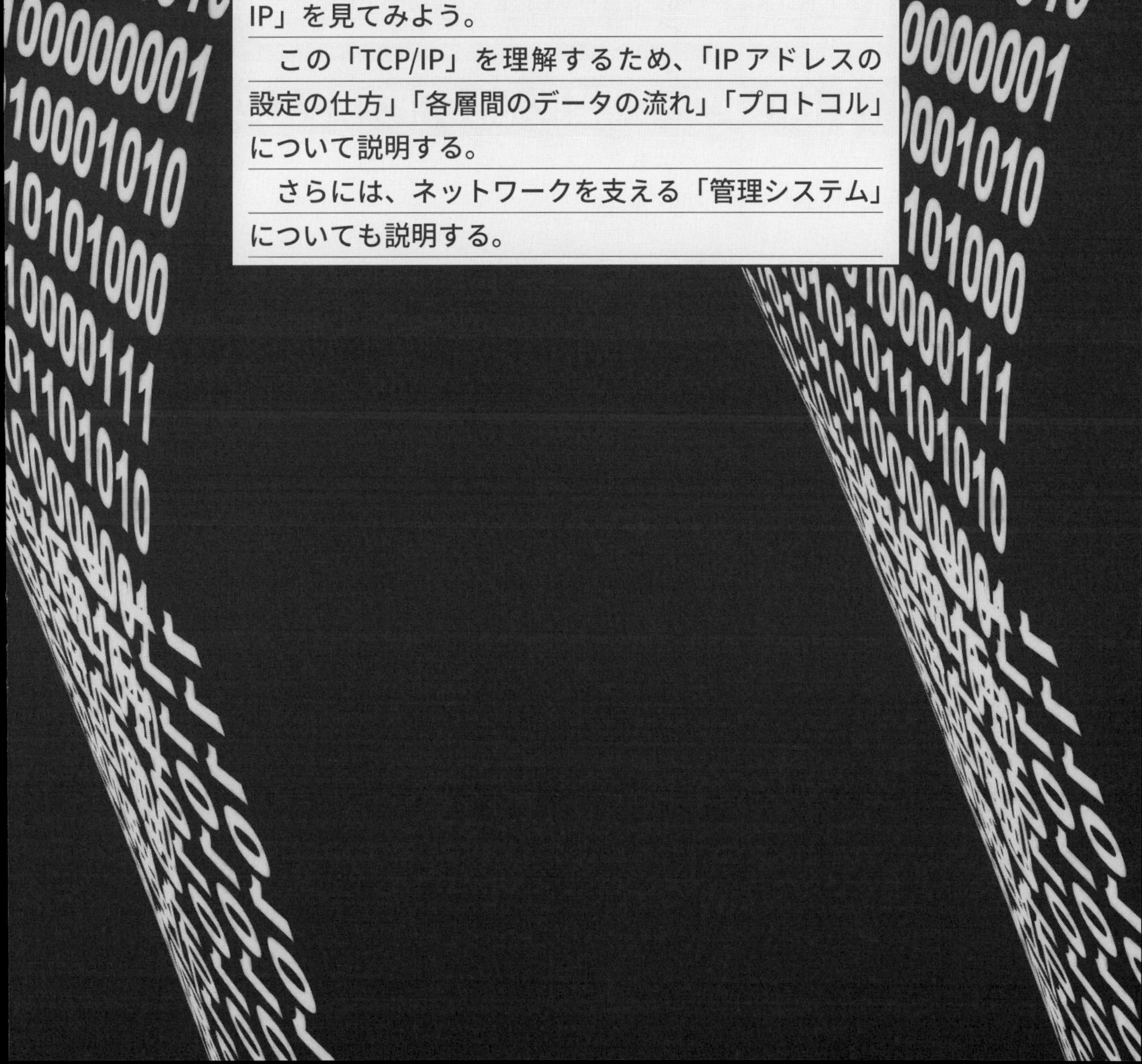

第9章

IPアドレスの設定と役割

ネットワークでは、データが指定したコンピュータに、どのようにして間違いなく届くのだろうか。
「ネットワーク上」にある「コンピュータ」の「住所」ともいうべき「IPアドレス」の設定の仕方や役割などを理解しなければならない。
ネットワーク間のデータ通信は「IPアドレスに始まり、IPアドレスに終わる」と言っても過言でないからである。

9-1 「ネットワーク構築」のための「IPアドレス」の設定

LAN内に2台のコンピュータA,Bをハブでつないだ「ミニネットワーク」を作って、「IPアドレス設定」の知識を習得する。

その後、この「IPアドレス」を使い、「ネットワーク」間の「データ」のやり取りを見ていこう。
(この知識は「ブロードバンド・ルータ」への「IPアドレス設定」に応用できる)。

[1] 2台のコンピュータの「IPアドレス」の手動設定

最初に、「コンピュータA」の「IPアドレス」を設定する。

「スタート・ボタン」を「右クリック」後、画面から「設定」「ネットワークとインターネット」をクリックする。
さらに「ネットワークと共有センター」をクリックし、出てくる画面から「イーサネット」をクリック。
続いて、画面の「プロパティ」をクリックし、出てくる画面から「インターネットプロトコルバージョン4(TCP/IPv4)」を選択後、プロパティをクリック。

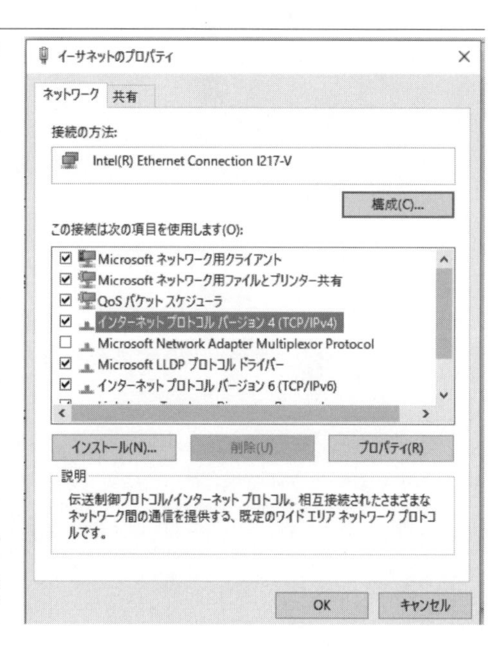

画面には、「IPアドレス」を(a)「自動的に取得する」か、(b)「手動で設定する」かの選択があるが、**6章**では「自動的に取得」する方を選んでいた。

「ルータ」がなく「DHCP機能」がない場合でも、「人手」を介さず、ネットワーク機器間の交渉のみで、「自動的にIPアドレスを割り当て」る、「APIPA(Automatic Private IP Addressing)機能」があるからであった。

> ※ 「APIPA」は、「管理できる人がいない場合」や「IP設定の知識がない場合」、自身のアドレスを設定する技術として開発された。
> 小規模な閉じたネットワークのみの対象に使われ、「169.254.0.1」～「169.254.255.254」の範囲から、「IPアドレス」を自動的に取得する。

しかし、通常は「DHCP機能」がない場合、「小規模な閉じたネットワークのみの場合」でも「手動でIPアドレスの設定を行う」ことを薦める。

したがって、本章で、画面の「次のIPアドレスを使う」にチェックを入れる。

チェック後、「IPアドレス」と「サブネット・マスク」に手動で次のように打つ。

(この数値の設定については本章の**9-4節**で詳しく説明する)。

```
IPアドレス          192.168.11.2
サブネット・マスク  255.255.255.0
```

インターネットにつながっていないため、「デフォルト・ゲートウェイ」や「DNSサーバ」は使わないので、「空白」にしておく。

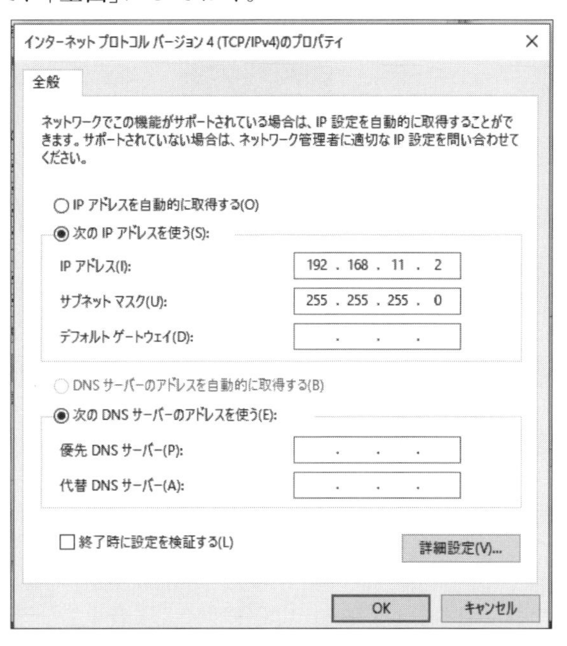

入力後、「OK」を打つ。さらに「閉じる」をクリック。

同じような操作をし、「コンピュータB」の「IPアドレス」と「サブネット・マスク」の設定を、次のように行なう。

インターネット プロトコル バージョン 4 (TCP/IPv4)のプロパティ

全般

ネットワークでこの機能がサポートされている場合は、IP 設定を自動的に取得することができます。サポートされていない場合は、ネットワーク管理者に適切な IP 設定を問い合わせてください。

○ IP アドレスを自動的に取得する(O)

◉ 次の IP アドレスを使う(S):

IP アドレス(I): 192 . 168 . 11 . 5

サブネット マスク(U): 255 . 255 . 255 . 0

デフォルト ゲートウェイ(D): . . .

○ DNS サーバーのアドレスを自動的に取得する(B)

◉ 次の DNS サーバーのアドレスを使う(E):

優先 DNS サーバー(P): . . .

代替 DNS サーバー(A): . . .

□ 終了時に設定を検証する(L)　詳細設定(V)...

OK　キャンセル

[2] 2台のコンピュータの通信(**ケース①**)

準備ができたので、2台のコンピュータをハブでつないでみよう(**ケース①**)。
このケースでは、2台のコンピュータは通信可能であろうか。

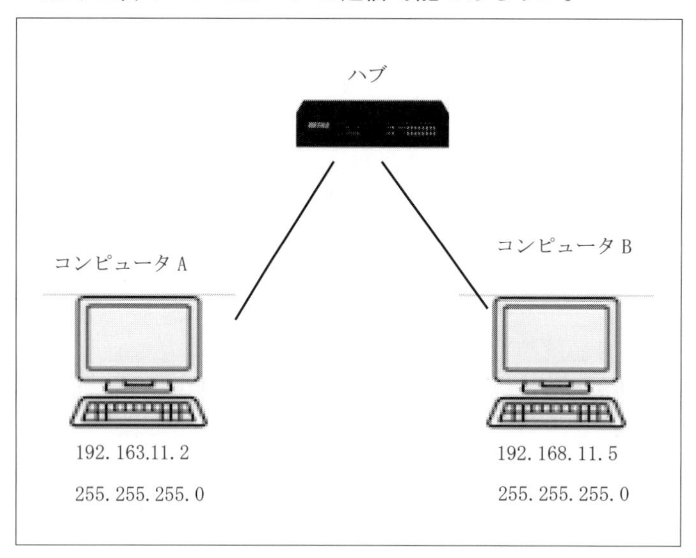

図9-1　ケース①

その確認のため、よく使われるのが「ping」コマンドである。

まず「コンピュータA」から「B」への通信が可能かのチェックをするため「ping」コマンドを使用しよう。

「ケース1」では、相手の「IPアドレス」に「ping」を飛ばす。

```
>ping  192.168.11.5
```

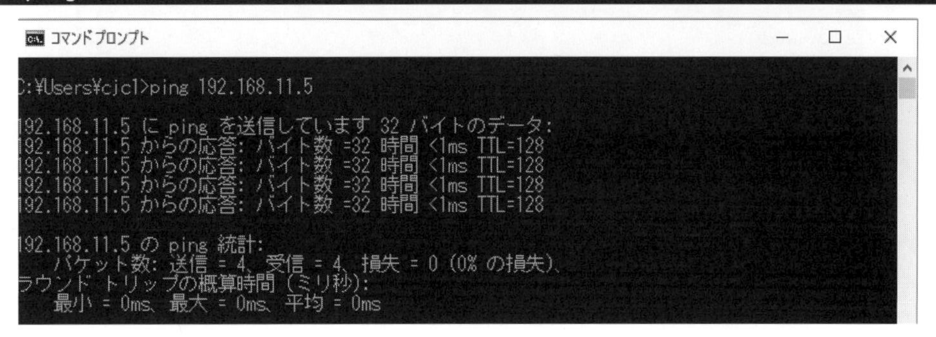

「コンピュータA」から「B」へ「ping」を飛ばすと4回の応答があり、通信可能なのでデータは送信できる。各自、逆の「コンピュータB」から「A」へ「ping」を飛ばしてみよう。

[3] 2台のコンピュータの通信(ケース②)

次に、「コンピュータB」のみ「IPアドレス」を次のように変更してみよう。

192.168.11.5 →192.168.12.5

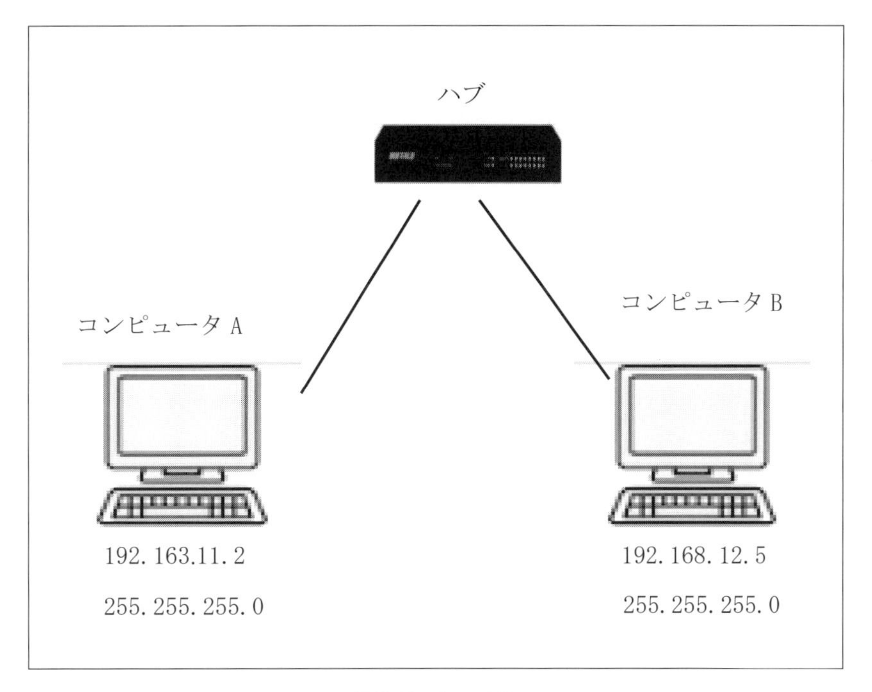

図9-2 ケース②

```
>ping  192.168.12.5
```

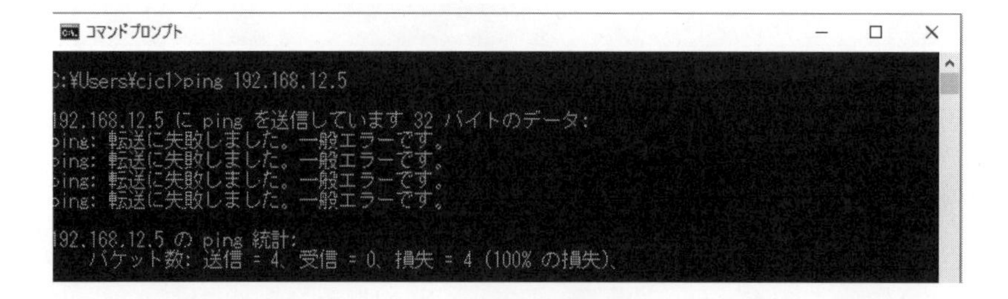

画面では、「転送に失敗しました。…」と表示される。「コンピュータB」からの応答がなく、通信ができないので、データは送信できないことになる。

逆に、「B」から「A」に「ping」を飛ばしても、同じエラー画面が表示される。
なぜ通信できないのだろうか。

9-2 通信可能な基準とは

なぜ「ケース①」がつながり、「ケース②」は通信できないのだろうか。
その答を一言で言えば、

「両者はネットワークが異なる」

からである。

両者のコンピュータが所属するネットワークが異なるので、通信できないのである。

この違いを理解するには、「IPアドレス」だけの理解では不十分で、「サブネット・マスク」を理解する必要がある。

[1]「サブネット・マスク」とその役割

「サブネット・マスク」は4つに区分けされた10進数で表示すると、

```
255.255.255.0
```

となる。①、②の両ケースでは、同じ「サブネット・マスク」が設定されている。

この「サブネット・マスク」を「2進数」で表示し直すと、次のようになる。

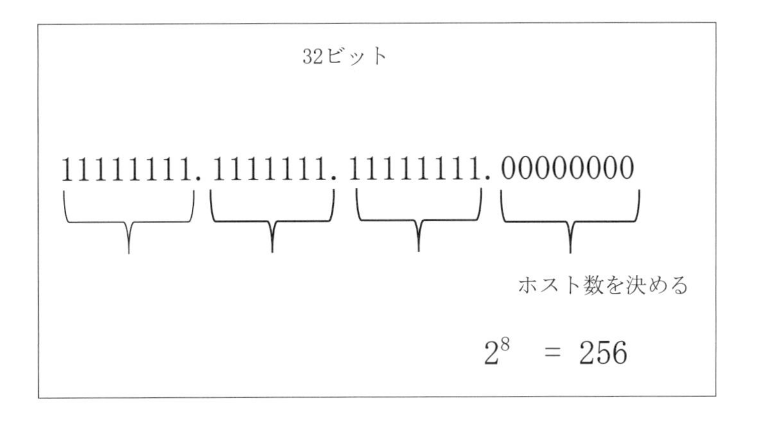

4つの「8ビット」に区分けされ、全体を「32ビット」で表示する。

※　「10進数の255」は、「2進数で表示」すると、「8個の1」で表示される。
この計算の仕方は本章末で行なう。

「2進数表示」の「サブネット・マスク」で重要な点は、「サブネット・マスクがゼロのところで、ネットワークで使えるホスト数が決まる」ことである。

ここでは、最後の8ビットがすべてゼロなので、「**2の8乗**」、すなわち「**256台**」がホストとして使えることになる。

ケース①の利用できるホスト数を10進数のIPアドレスで表示すると

```
192.168.11.0 ～192.168.11.255
```

となる。このIPアドレスのうち、最初と最後の2つのIPアドレスはすでに使用が決まっている。

```
192.168.11.0      ネットワーク・アドレス
192.168.11.255    ブロードキャスト・アドレス
```

したがって、実際に使える「IPアドレス」は2個少なく、「254個」になる。

*

ここで、「ケース①」の「IPアドレス」を見ると、「コンピュータA」が「192.168.11.2」で、「コンピュータB」が「192.168.11.5」なので、両者とも同じネットワーク内にあることが分かる。

したがって、通信が可能となる。

*

次に、「ケース②」を見ると「コンピュータA」の「192.168.11.2」は「192.168.11.0」～「102.168.11.255」のグループにあるのに対して、「コンピュータB」の「192.168.12.5」は「192.168.12.0」～「102.168.12.255」のグループの範囲にあるので、両者は異なるネットワークにあることが分かる。したがって、通信は不可能となる。

[2]「通信可能」にするためには

「ケース②」を「通信可能」にするための対策を見てみよう。

[対策①]「コンピュータA」の「IPアドレス」を、「コンピュータB」の「IPアドレス」に合わせる

「コンピュータA」の「IPアドレス」を次のように変更する。「サブネット・マスク」は同じままである。

192.168.11.2→192.168.12.2に変更

この変更した「IPアドレス」を打ち込む。

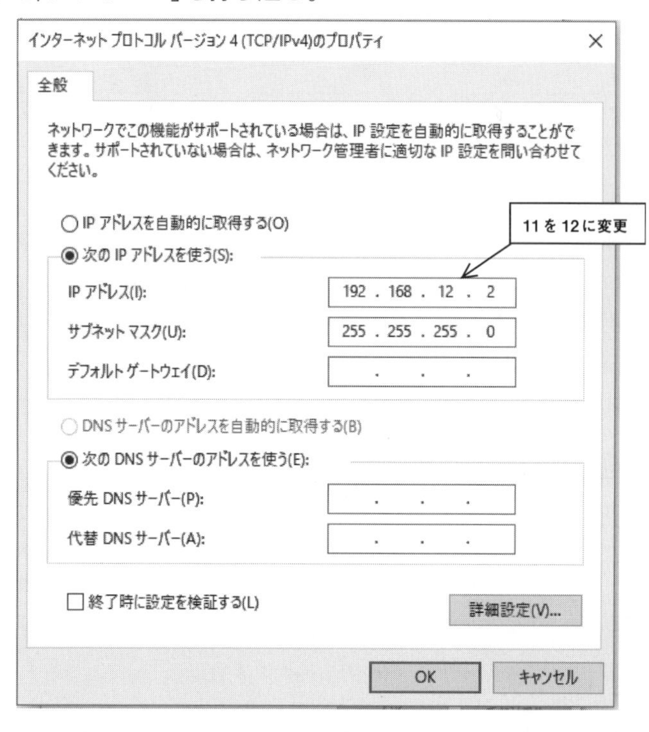

「IPアドレス」変更後、「ping」を飛ばしてみよう。

```
>ping  192.168.12.5
```

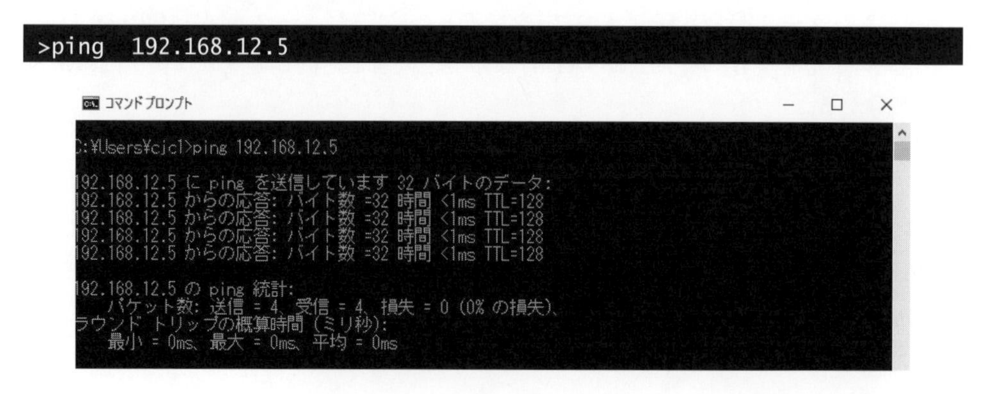

「ping」を飛ばすと4回の応答があり、通信可能になる。

「コンピュータA」のアドレス範囲を「コンピュータB」に合わせたが、逆に、「コンピュータB」のアドレスを「コンピュータA」のアドレスに合わせてもよい。

しかし、「IPアドレス」で調整できない場合には、次の対策を見てみよう。

[対策②]「サブネット・マスク」による調整

次の対策として、「サブネット・マスク」による調整が考えられる。

2進数で表示される「サブネット・マスク」が「0」のところで「ホスト数」が決まるなら、「サブネット・マスク」の「0」の個所を「8ビット」から「16ビット」に拡大すれば、

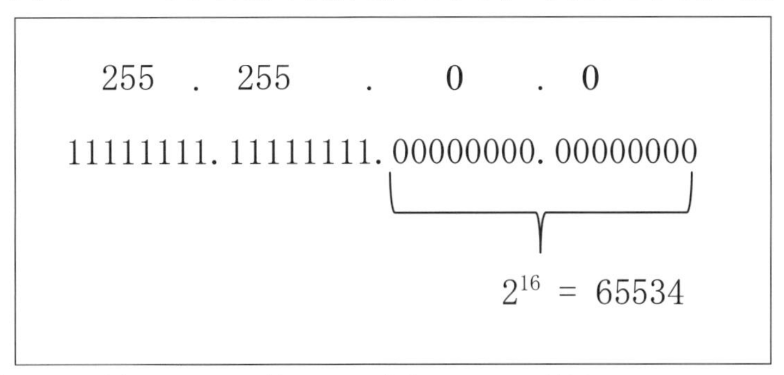

となり、「2の16乗」、すなわち「65,534台」のホストが使える。
「10進数」の「IPアドレス」で言えば、

```
192.168.0.0 ～ 192.168.255.255
```

のホスト数となる。

したがって、「サブネット・マスク」のうち「8ビット」が「0」の場合では、「コンピュータA」と「B」は別のグループだったが、「サブネット・マスク」のうち「16ビット」が「0」の場合では、「コンピュータA」と「B」は同じグループに入る。

同じグループなので、通信が可能となる。

＊

実際に、両パソコンの「サブネット・マスク」を変更してみよう。

最初に、「コンピュータB」の「サブネット・マスク」を変更。

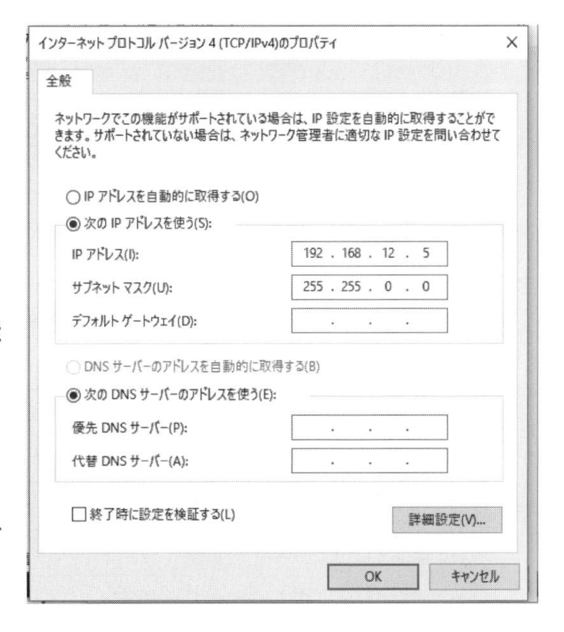

＊

続いて、「コンピュータA」の「サブネット・マスク」を変更する。

インターネット プロトコル バージョン 4 (TCP/IPv4)のプロパティ
全般
ネットワークでこの機能がサポートされている場合は、IP 設定を自動的に取得することができます。サポートされていない場合は、ネットワーク管理者に適切な IP 設定を問い合わせてください。
IP アドレスを自動的に取得する(O)
次の IP アドレスを使う(S):
IP アドレス(I): 192 . 168 . 11 . 2
サブネット マスク(U): 255 . 255 . 0 . 0
デフォルト ゲートウェイ(D): . . .
DNS サーバーのアドレスを自動的に取得する(B)
次の DNS サーバーのアドレスを使う(E):
優先 DNS サーバー(P): . . .
代替 DNS サーバー(A): . . .
終了時に設定を検証する(L)
詳細設定(V)...
OK キャンセル

変更後、お互いのコンピュータから「ping」を飛ばしてみよう。

まず、「コンピュータA」から「コンピュータB」へ「ping」を飛ばす。

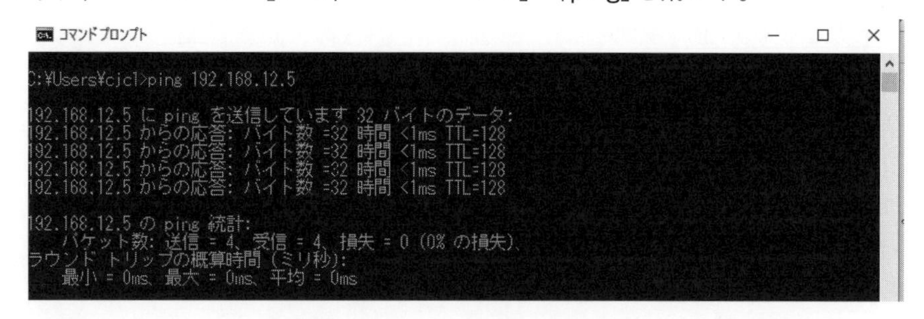

4回の応答があり、通信可能となる。
同じように「コンピュータB」から「コンピュータA」へ「ping」を飛ばす。

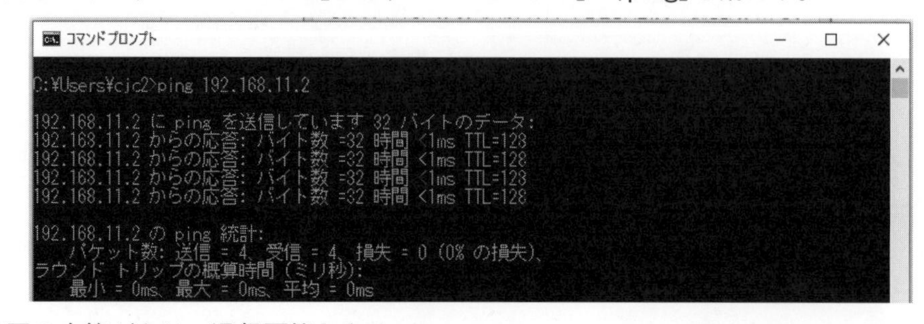

4回の応答があり、通信可能となる。

[対策③]インターフェイスを増やす

[対策①]の「IPアドレス」の変更や[対策②]のサブネット・マスクの変更ができない場合、2台のコンピュータ通信を可能にする方法として、コンピュータにインターフェイスを1つ増やし2つにする方法が考えられる。
(最近のコンピュータでは、当初からインターフェイスの1つが内臓されている)

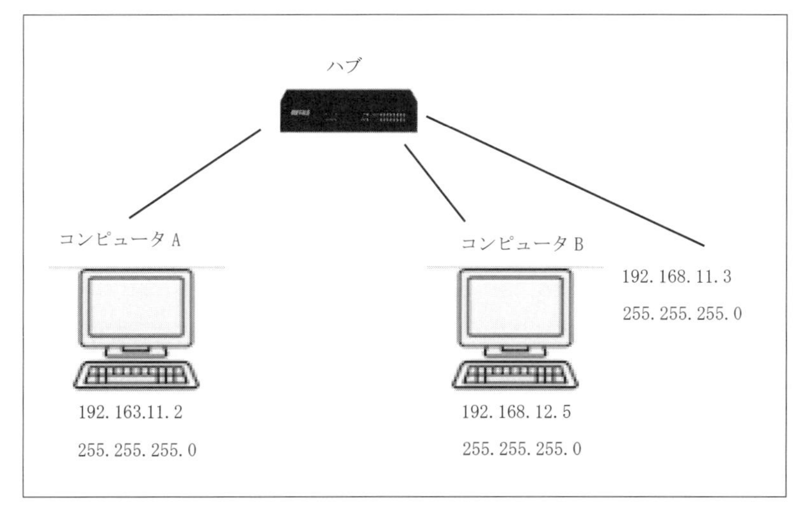

図9-3 ケース3

増やすには、昔は「カード方式」が主流だったが、最近は、「USB方式」のLANアダプタで行なわれている。

まずUSBのLANアダプタを手に入れ、「コンピュータB」に、次のように接続する。

そして、USBの「LANアダプタ」と「ハブ」を「ストレート・ケーブル」で接続する。
接続状況を見るため、「スタートボタン」「設定」「ネットワークとインターネット」「ネットワークと共有センター」をクリックする。
画面に、インターフェイス(イーサネット2)が追加されている。

これをクリックし、さらに「プロパティ」「インターネットプロトコルバージョン4」をクリックする。

画面で、「次のIPアドレスを使う」にチェックを入れ、「固定IPアドレス」と「サブネット・マスク」を、次のように打つ。

```
IPアドレス：            192.168.11.3
サブネット・マスク：    255.255.255.0
```

固定IPアドレスは、当然、相手のネットワーク内のIPアドレスである。

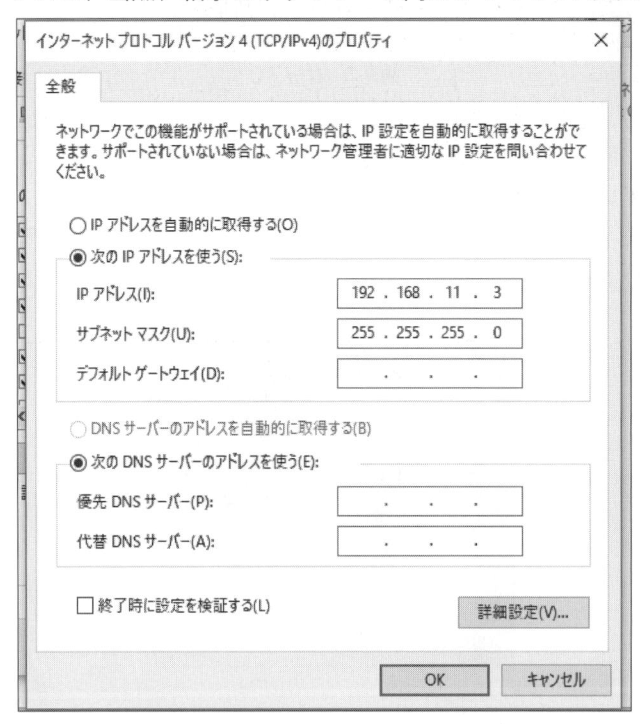

「OK」をクリック。

ここで、「コンピュータA」から「コンピュータB」へ「ping」を飛ばしてみる。

```
>ping  192.168.11.3
```

```
コマンドプロンプト

:¥Users¥cjcl>ping 192.168.11.3

92.168.11.3 に ping を送信しています 32 バイトのデータ:
92.168.11.3 からの応答: バイト数 =32 時間 <1ms TTL=128
92.168.11.3 からの応答: バイト数 =32 時間 =1ms TTL=128
92.168.11.3 からの応答: バイト数 =32 時間 =1ms TTL=128
92.168.11.3 からの応答: バイト数 =32 時間 =1ms TTL=128

92.168.11.3 の ping 統計:
    パケット数: 送信 = 4、受信 = 4、損失 = 0 (0% の損失)、
ラウンド トリップの概算時間 (ミリ秒):
    最小 = 0ms、最大 = 1ms、平均 = 0ms
```

4回の応答があり、「ping」が飛び、通信可能となる。

＊

1つの「コンピュータB」に、2つのインターフェイスが組み込まれた「コンピュータB」の「IPアドレス」の状態をチェックしてみよう。

「コマンドプロンプト画面」を開き次のように打つ。

```
>ipconfig /all
```

画面が次のように表示される。

```
選択コマンドプロンプト

イーサネット アダプター イーサネット:

   接続固有の DNS サフィックス . . . . .:
   リンクローカル IPv6 アドレス. . . . .: fe80::148a:a624:69ab:1276%19
   IPv4 アドレス . . . . . . . . . . . .: 192.168.12.5
   サブネット マスク . . . . . . . . . .: 255.255.255.0
   デフォルト ゲートウェイ . . . . . . .:

イーサネット アダプター イーサネット 2:

   接続固有の DNS サフィックス . . . . .:
   リンクローカル IPv6 アドレス. . . . .: fe80::7c7b:7df2:2d73:ed0d%5
   IPv4 アドレス . . . . . . . . . . . .: 192.168.11.3
   サブネット マスク . . . . . . . . . .: 255.255.255.0
   デフォルト ゲートウェイ . . . . . . .:
```

画面では、「イーサネット・アダプタ」が1つ増加していることが分かる。

[対策④]一つのインターフェイスカードに複数の「IPアドレス」を追加

[対策③]のように「イーサネット・アダプタ」などの物理的な増設をしなくても、1つの「ネットワークインターフェイス」に複数の「固定IPアドレス」を設定できる。

次に、この方法を見てみよう。

＊

「スタートボタン」「設定」「ネットワークとインターネット」「ネットワークと共有センター」「イーサーネット」「プロパティ」をクリック。

画面の「インターネットプロトコルバージョン4(TCP/IP)」を選択後、「プロパティ」をクリック。

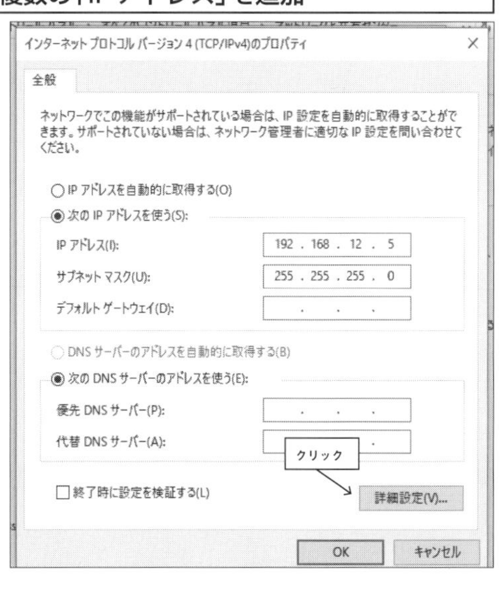

画面の「詳細設定」をクリック。

画面の「IP設定」をクリック後、ネットワークが異なっても送受信ができるようにするためコンピュータの「追加」ボタンをクリック。

相手のネットワークグループにある「IPアドレス」と「サブネット・マスク」を次のように打つ。

そして、「追加ボタン」をクリック。

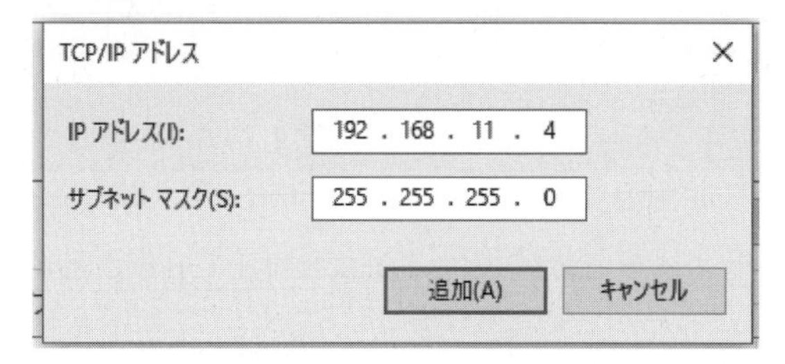

画面に「IPアドレス」が追加されている。

確認後、「OK」をクリック。

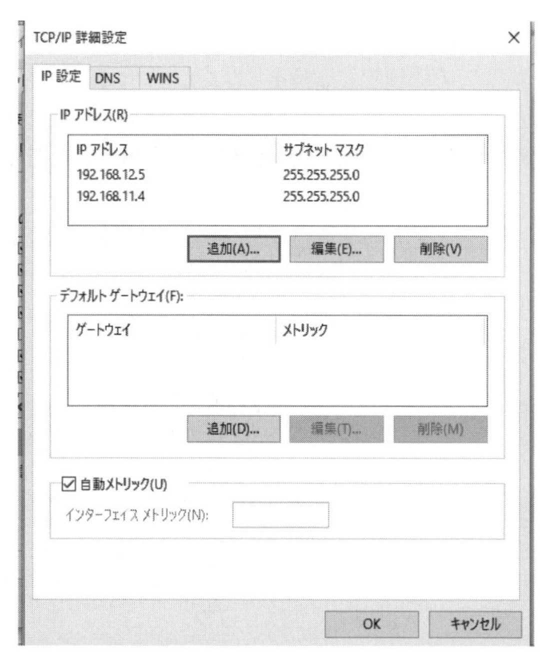

準備ができたので、「コンピュータA」から「コンピュータB」に「ping」を飛ばしてみる。

```
>ping  192.168.11.4
```

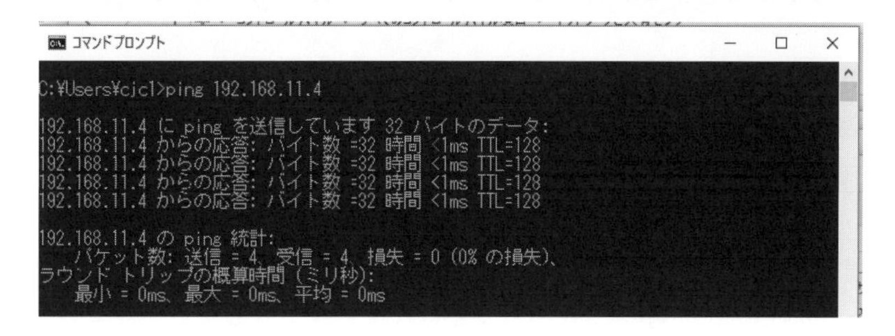

4回の応答があり、「ping」が飛び、通信可能になる。

＊

「イーサネット・アダプタ」の中身を見るため「ipconfig　/all」を打ってみよう。

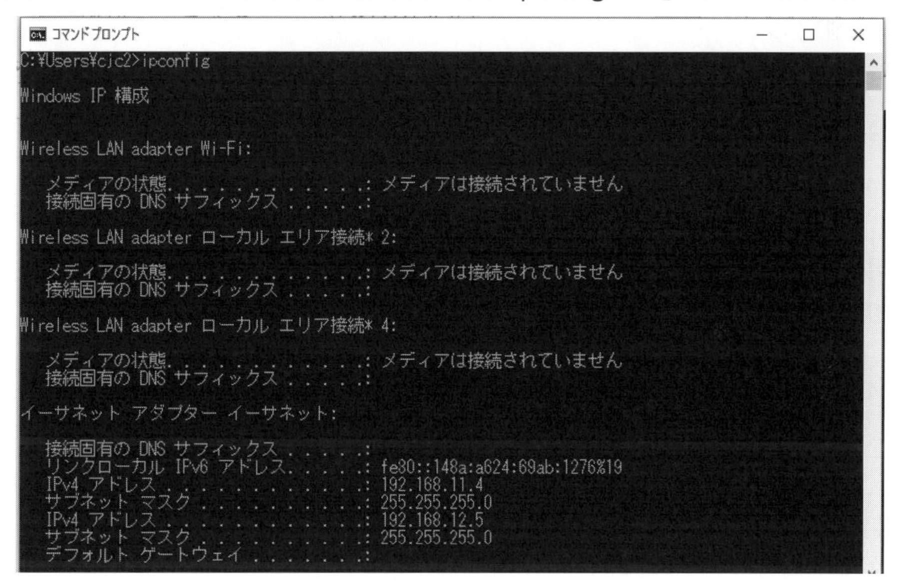

「イーサネット・アダプタ」の中に2つのIP4の「固定IPアドレス」が組み込まれていることが分かる。

9-3 「IPアドレス」と「サブネット・マスク」の関係

では、両者の接続可能な「IPアドレス」の設定を、どのように行なうべきであろうか。
特に、使用する「IPアドレス」をどのグループ(クラス)に設定するかが重要となる。

[1]ネットワークの利用が少ない初期時代(クラス分け時代)

かつてネットワークの利用が少ない時代には、「IPアドレス」は設定するホストの台数に応じて、大きく3つのクラスに区分けされていた。

①大規模クラス

ホスト数が「24ビット」(ネットワーク部は「8ビット」)からなる大規模のケースでは、「IPアドレス」は、

```
0.0.0.0~127.255.255.255
```

となり、ホスト数は「16,777,214個」使用できる。

②中規模クラス

ホスト数「16ビット」(ネットワーク部は「16ビット」)からなる中規模のケースでは、「IPアドレス」は、

```
128.0.0.0~191.255.255.255
```

となり、ホスト数は「65,534個」使用できる。

③小規模クラス

ホスト数「8ビット」(ネットワーク部は「24ビット」)からなる小規模のケースでは、「IPアドレス」は、

```
192.0.0.0~233.255.255.255
```

となり、ホスト数は「256個」使用できる。

各コンピュータに「IPアドレス」を振る場合、使うコンピュータの台数によって、この3つのクラスのグループの一つを杓子定規に割り当てていた。

単純に、「IPアドレス」の「8ビット」に固定した区切りだけで、グループ化できた。

[2]ネットワーク利用者が多い時代(サイダー分け時代)

ネットワークの普及とともに「IPアドレス」の使用が急上昇しはじめた。
その結果、「IPアドレス」の枯渇問題が浮上してきた。このため「IPアドレス」の効率的な使用が求められはじめた。

*

これを受け、コンピュータの台数に応じた「クラス分け」、すなわち「サイダー分け」が取り入れられた。
これは「サブネット・マスク」の設定に応じて、「ホスト数」を柔軟に決定できる考え

方である。

従来は3つのグループからのみ区分けされたが、「サイダー分け」は多くの「グループ分け」を可能にした。以下、グループ分けの基準を見ておこう。

[3]区分けの基準の仕方

最初に、コンピュータを「50台」使用している「小規模事業」を見てみる。

そこでの、「IPアドレス」が「192.168.0.3」で、「サブネット・マスク」が「255.255.255.0」のとき、設定できる「ホスト数」は、何個あるか、それを「IPアドレス」で表示してみよう。

ケース①

```
IPアドレス：              192.168.0.3
サブネット・マスク：      255.255.255.0
```

「サブネット・マスク」を2進数で表示し直すと、ビット数が「1」に当たるネットワーク部と「0」に当たるホスト部に分けることができる。

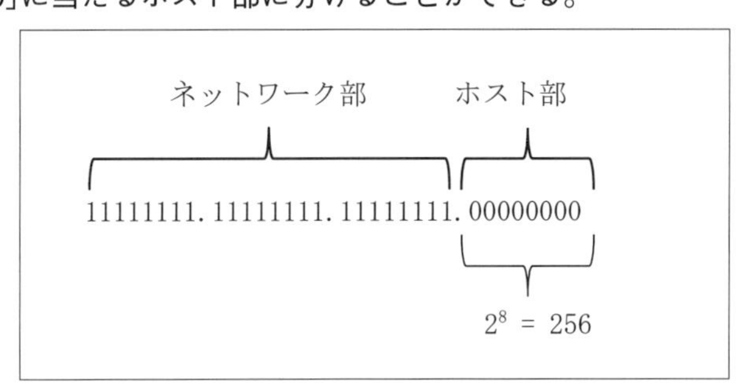

「サブネット・マスク」が「ゼロ」のところで「ホスト数」が決まるので、設定できる「ホスト数」は「2の8乗個」、すなわち「256個」となる。

「IPアドレス」は、

```
192.168.0.0  ～  192.168.0.255
```

と表示される。

しかし、コンピュータを50台しか使わない小規模の事業では、残りの206個のホスト数が使われず、非効率となる。

これを、「サブネット・マスク」を柔軟に使うことで、ホスト数を自由に決めることができる。これをケース②で見ておこう。

ケース②

IPアドレスは「192.168.0.3」のままで、「サブネット・マスク」を「255.255.255.128」と変更しよう。この場合、使えるホスト数は何個であるか、それを「IPアドレス」で表示してみる。

「サブネット・マスク」の「255.255.255.128」を2進数で表示し直すと、

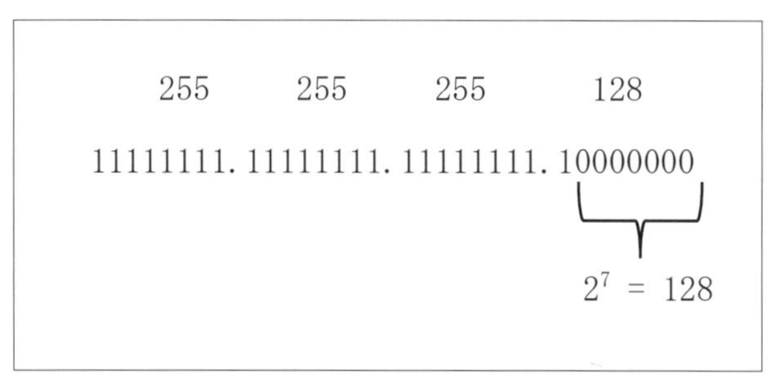

となる。

「サブネット・マスク」が「ゼロ」のところで「ホスト数」が決まるので、「ホスト数」は「2の7乗個」で、「128個」となる。

IPアドレスは

```
192.168.0.0～192.168.0.127
192.168.0.128～192.168.0.255
```

と2つのグループで表示される。

「サブネット・マスク」を変更することで、ケース①よりケース②のほうが「IPアドレス」を効率的に使っていることがわかる。

ケース③

逆に、「400台」のコンピュータを使う「中規模事業」では、従来なら「クラスB」の選択なので、途方もないホスト数が余ることになる。

しかし、「サイダー分け」では、「IPアドレス」は「192.168.0.3」のままで、「サブネット・マスク」を「255.255.254.0」とすることにより、ホスト数を効率的に使用できる。

「サブネット・マスク」の「255.255.254.0」を「2進数」で表示し直すと、次のようになる。

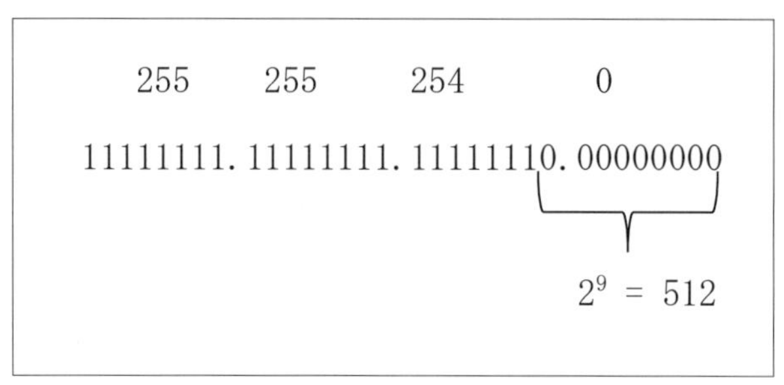

「サブネット・マスク」が「ゼロ」のところで「ホスト数」が決まるので、「ホスト数」は「2の9乗個」、すなわちすなわち「512個」となる。このようにホストの効率的な割り振りができる。

「IPアドレス」は、

```
192.168.0.0～192.168.1.255
192.168.2.0 ～ 192.168.3.255
・・・・・・・・・・・・・・・・
・・・・・・・・・・・・・・・・
192.168.254.0 ～ 192.168.255.255
```

と表示される。

このように、サブネット・マスクの数値を柔軟に変更することで、「ホスト数」と「グループ分け」が効率的に設定できるようになった。

9-4 「ネットワーク・アドレス」を見つけるには

異なる「ネットワーク・グループ」では、通信できないことは、すでに説明してきた。

では多くのグループの中から「通信できるグループ」か、「通信できないグループ」かを、どのようにして見分けるのだろうか。

いちいち、「サブネット・マスク」を「2進数」に変え、「ゼロ」でない部分を探した後、「IPアドレス」を比較し、見つけるのでは面倒である。
簡単に見分ける方法として、「AND演算(論理積演算)」を用いる方法がある。

> ※「AND (アンド) 演算」とは、2つの入力が1ならば出力が1となるが、それ以外の場合は0となる演算のこと。
> もう少し分かりやすく言うと、「サブネット・マスク値」のbitが「0」ならば出力は「0」だが、bitが「1」ならば、「出力」には「入力」と同じ値が現れる演算のこと。

具体的には、「サブネット・マスク」と「IPアドレス」の「AND演算」、すなわち「掛ける」ことを行なうことで、「ネットワーク・アドレス」を取り出すことができる。

たとえば、「ケース②」では「IPアドレス」が「192.168.11.2」と「192.168.12.5」で、「サブネット・マスク」が「255.255.255.0」で同じ場合、両者の「ネットワーク・アドレス」を「AND演算」で見てみる。
(計算では、「IPアドレス」と「サブネット・マスク」の「2進数」を、上下に掛ける)

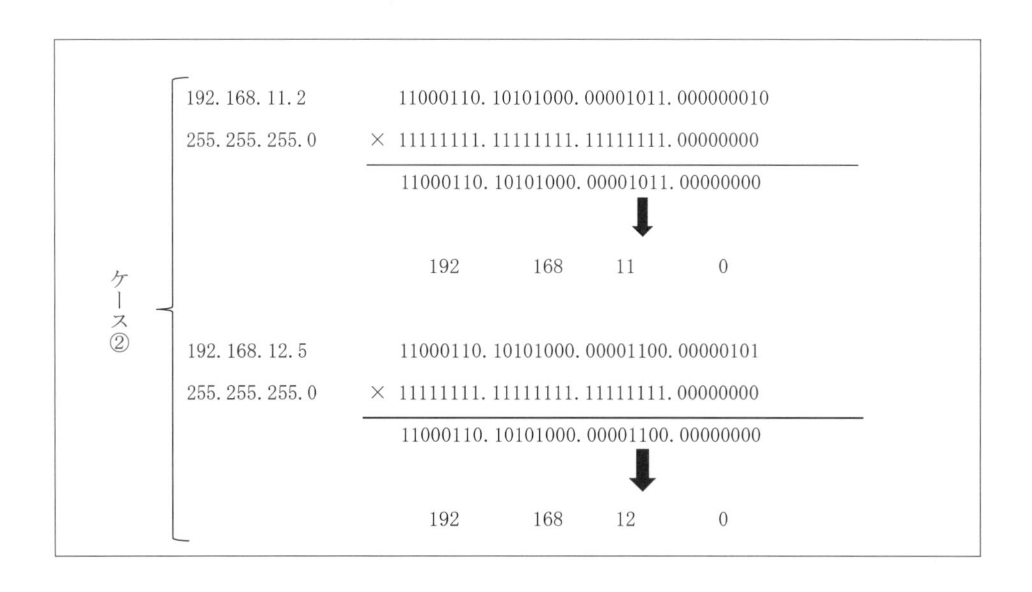

したがって、両者の「ネットワーク・アドレス」は異なることになり、2つのパソコンは通信できなくなる。

通信を可能にするための対策の一つが「サブネット・マスク」を「255.255.0.0」に変更することであった。

これも「AND（アンド）演算」で見てみよう。

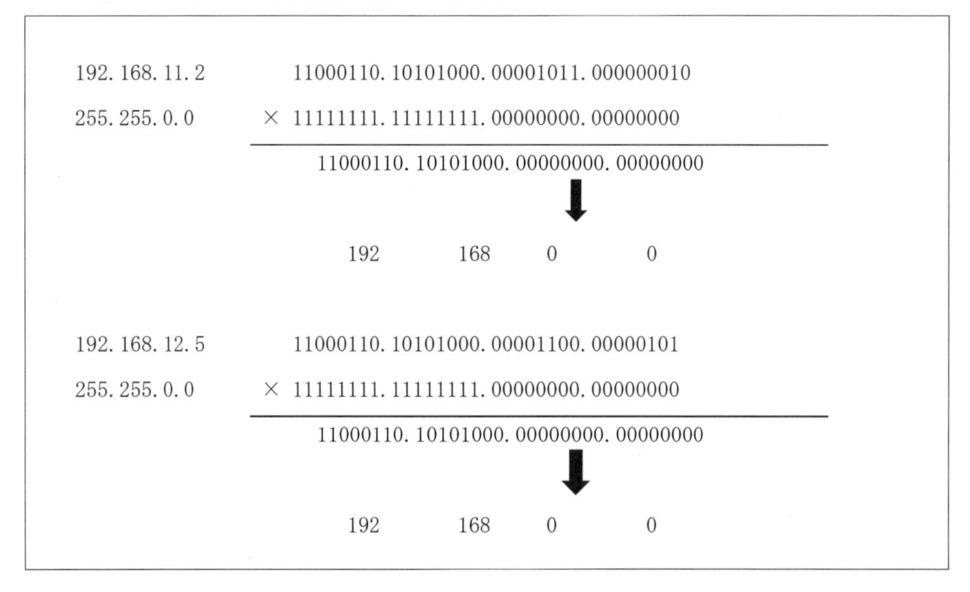

「サブネット・マスク」を変更すると、両グループの「ネットワーク・アドレス」は同じとなり、通信可能となる。

9-5 「10進数」から「2進数」への変換の方法

「10進数」から「2進数」に変換するには、いくつかの方法がある。順次見てみよう。

[1]電卓で行なう方法

いちばん簡単に「10進数」を「2進数」に変換する方法は、コンピュータにある「関数電卓」を使う方法である。

> 「スタートボタン」を「左クリック」→画面から「電卓」を探し、それをクリック→画面から「プログラマー」をクリック→「プログラマー画面」が表示

この画面の左側の4つの英字文字の意味は、次のようになる。

HEX	6進数
DEC	10進数
OCT	8進数
BIN	2進数

このうち、最初、「DEC」をクリックする。

ここで、「数値100」を入力すると、**4つの個所**に値が表示される。

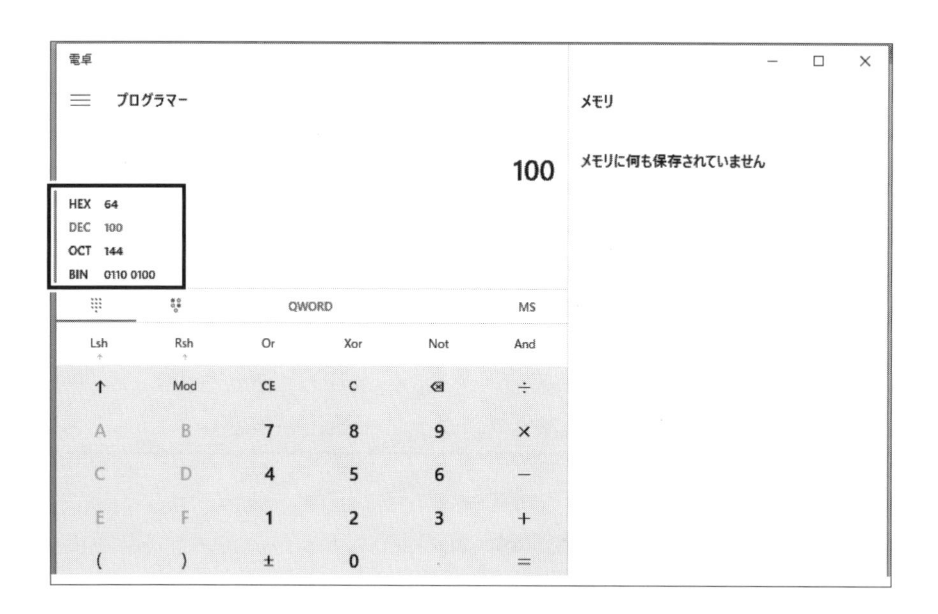

「10進数」の「100」は「2進数」では「01100100」と表示される。

逆に、「BIN」を選択後、「2進数」の「011001100」は「10進数」の「100」となる。

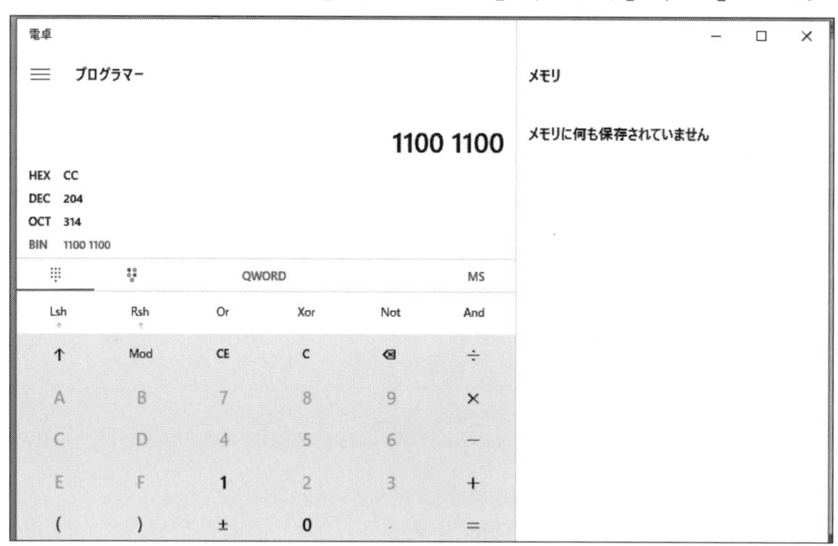

「10進数」から「2進数」へ、その逆も簡単に変換ができる。

[2]割り算による方法

電卓がない場合、手計算による変換をしなければならない。

方法は10進数で表示された数値を2で割って、「商」が「1」になるまで求めていく方法である。

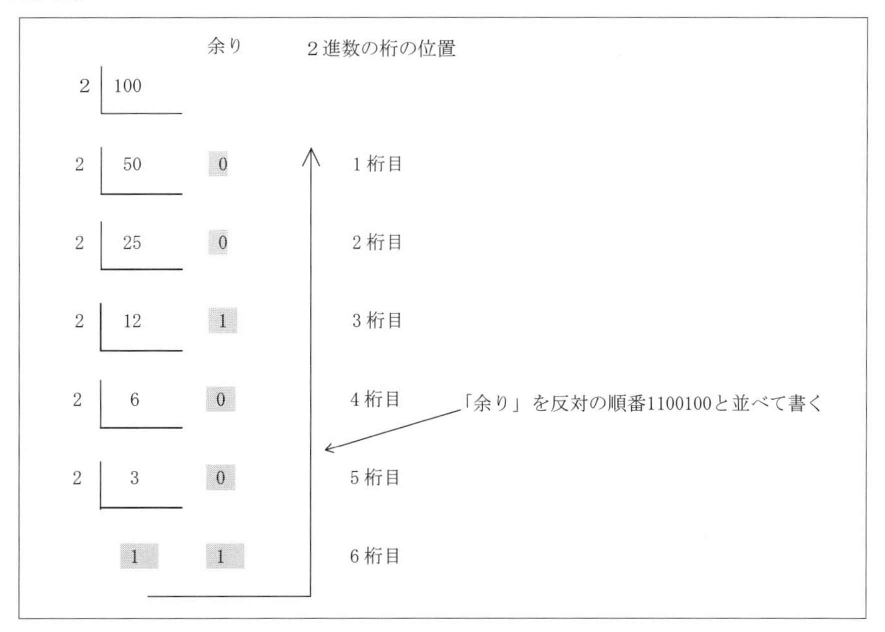

図9-4 「10進数」から「2進数」へ変換

計算結果は、余りを下から上に向かって並べて1100100表示される。

[3]「2進数」の「桁」の「ルール」を使う方法

「8ビット2進数」の「桁数」を「10進数」で表示すると、

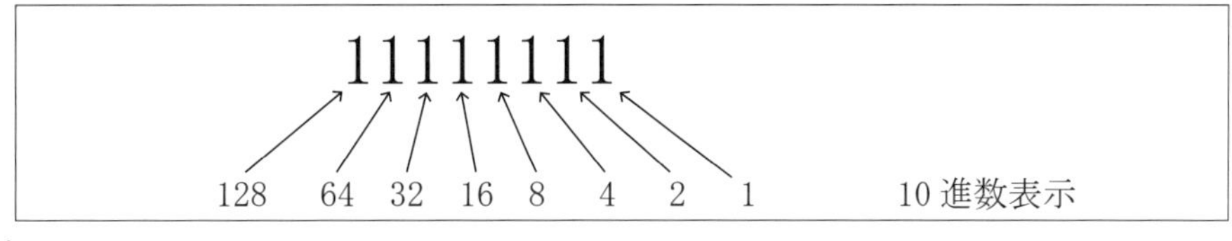

となる。

次に、「10進数」の「100」は、

```
64 + 32 + 4
```

と分解できる。 この分解した値を「2進数」に当てはめると、次のように「背景色が付いた1」で表示される。

```
01100100
```

「01100100」と「100」の**2進数表示**が完成する。

※「2進数の数値」から「10進数」の値を出すには、この[3]の方法の逆をすることで、出すことができる。

第10章

ネットワークの仕組みとデータのやり取り

私たちはネットワークの仕組みなどほとんど知らずに、ホームページを開いたり、メールの送信などを瞬時にいとも簡単に行なっている。

これらの操作が順調に行われるのは、背後でネットワークの仕組みが正常に機能しているからである。

本章では、この「ネットワークの仕組み」と「データのやりとり」を見ることにしよう。

10-1 階層化について

「ネットワークの仕組み」はどのようなもので、どのような役割を担っているのだろうか。仕組みを端的に示すものとして、「OSI参照モデル」と「TCP/IPモデル」がある。

これらは、「ネットワークの仕組み」を「機能別」に「階層化」したものであり、それぞれの階層のもとに、決められた「通信ルール」(プロトコル)やネットワーク機器が設置されている。

[1]「階層」に分ける意義

ネットワークの階層化はなぜ必要なのか、その意義を見てみよう。

説明のため、郵便制度を例にとってみる。

私たちのハガキや手紙が正確に届くのは、しっかりした郵便制度の仕組みが存在するからである。

ここで、「手紙」が届くための「郵便制度」の仕組みを見てみる。

①手紙を書く
②手紙をポストに入れる
③手紙を収集する
④手紙を配送センターに集める
⑤手紙を配送する

このように郵便制度の「仕組み」は5つの「階層」に分けることができる。

この「階層」に分けることで、「階層」の役割やそのために必要な「機器」や「備品」が明確になる。

したがって、「手紙を書く人」は「配送」が「車」か「鉄道」かに影響されず、書くことだけに専念できる。すなわち、「各層ごとの仕事」に専念すればよいことになる。

この「郵便制度の階層化」のたとえを「ネットワークのデータの送受信制度」に当てはめたものが、「OSI参照モデル」と「TCP/IPモデル」である。

次に、この2つのモデルを見ておこう。

[2]「OSI参照モデル」と「TCP/IPモデル」

ネットワークの代表的な階層モデルとして、「OSI参照モデル」と「TCP/IPモデル」の2つがある。

①OSI参照モデル

1970年代中頃、ネットワーク機器各社独自のネットワークアーキテクチャーが次々に発表され始めた。

IBMのSNA、富士通のFNA、日立製作所のHNA、日本電気のDINA、電電公社のDCNAなどである。

機器を一つのメーカー製で揃えられるのであれば問題はないが、現実的には難しく、異なる機種同士を接続するための標準化が急がれていた。

そのため、1977年以降に開発されたのがOSI参照モデルであった。

OSI参照モデル(OSI参照モデル、英: OSI reference model)は、国際標準化機構(ISO)によって策定された、コンピュータの持つべき通信機能を階層構造に分割したモデルである。

OSI基本参照モデル、OSIモデルなどとも呼ばれ、通信機能(通信プロトコル)を7つの階層に分けて定義している。

表10-1 OSI参照モデル

階層		名称	役割
上位相	第7層	アプリケーション層	ユーザーが直接操作するアプリケーション・ソフトに関する取り決め
	第6層	プレゼンテーション層	通信のためのデータ形式とアプリケーション層でユーザーが取り扱うデータ形式(文字コード、圧縮方式、暗号方式など)を相互に変換するための取り決め
	第5層	セッション層	アプリケーションごとに、送信者と受信者が互いの存在を確認してからデータを送りあう(セッションの確立)するための取り決め

下位層	第4層	トランスポート層	ネットワーク層以下の層で伝送されるテータが確実に受信者に届いていることを保証する取り決め
	第3層	ネットワーク層	中継装置(ルーター)を経由して、データを最終的に目的地まで伝達するための取り決め
	第2層	データリンク層	同じ種類の通信媒体(電線、光ケーブル、無線など)で直接つながっているコンピュータ同士でデータを伝送する際の取り決め
	第1層	物理層	通信媒体に応じた信号の種類、内容やデータの伝送方法に関する取り決め

このような「OSI参照モデル」はあくまでも「参照モデル」にすぎなかった。

ネットワーク現場では、すでに「TCP/IP」で設定が行なわれていたからである。

特に1990年代中ごろから、「4層化」からなる「TCP/IPモデル」が急速に普及したため、「OSI準拠製品」は普及しなかった。

②TCP/IPモデル

「TCP/IPモデル」は以下の4層からなっている。

表10-2 TCP/IPモデル

4	アプリケーション層	アプリケーション間のやり取り
3	トランスポート層	プログラム間の通信、通信の制御
2	インターネット層	インターネットワークでの通信
1	ネットワーク・インターフェイス層	同一ネットワーク上での通信、ハードウェア使用など。

これら4層を詳しく見てみよう。

アプリケーション層

「OSI参照モデル」の「セッション層」から「アプリケーション層」に相当し、個々のプログラムの間で、どのような形式や手順でデータをやり取りするかを定める。

「文字コード」や「画像」などの「形式」「暗号化」など、「データの表現形式」などもこの層で扱う。

「Web」や「電子メール」などの「アプリケーションプロトコル」はこの層に属する。

トランスポート層

「OSI参照モデル」の「トランスポート層」に相当し、通信を行うプログラムの間でのデータ伝送を実現する。

必要に応じて、エラーの検出と回復や、双方向の通信路の確立なども行なう。

単にデータを伝送するだけの「UDP」(User Datagram Protocol)、信頼性のある双方向の通信を実現する「TCP」(Transmission Control Protocol)はこの層のプロトコルである。

インターネット層

「OSI参照モデル」の「ネットワーク層」に相当し、複数のネットワークを相互に接続した環境(インターネットワーク)で、機器間のデータ伝送を実現する。「IP」(Internet Protocol)はこの層のプロトコルである。

ネットワーク・インターフェイス層

「OSI参照モデル」の「物理層」と「データリンク層」に相当し、実際のネットワークハードウェアが通信を実現するための層である。

「各種イーサネット」「無線LAN」などがこの層に属する。

また、「モデム」や「光回線」などを使って特定の相手と接続し、「TCP/IP」で通信するための「PPP」プロトコル(Point To Point)なども、この層のプロトコルである。

インターネットで使われている「TCP/IPプロトコル」は、「OSI参照モデル」に沿っていない。

「OSI参照モデル」が構築される以前から、「TCP/IP」は実用的なネットワークとして稼働していたからである。

ネットワークの普及期に、多くの機種、OS、ネットワーク方式、アプリケーションが登場したから、「OSI参照モデル」のような詳細な階層分けが必要になったとも考えられている。

現在、「OSI参照モデル」はネットワークの基本として残り、「TCP/IPモデル」と互いを補い合う形に落ち着いた。

③両者の関係

「OSI参照モデル」と「TCP/IPモデル」の関係をみてみよう。

表10-3　OSI参照モデルとTCP/IPモデルの関係

<table>
<tr><td>アプリケーション層</td><td rowspan="3">アプリケーション層</td><td rowspan="3">HTTP,SMTP,
POP3,FTP,SSH,
RIP,SNMP…</td><td rowspan="3">通信アプリケーションプログラム</td></tr>
<tr><td>プレゼンテーション層</td></tr>
<tr><td>セッション層</td></tr>
<tr><td>トランスポート層</td><td>トランスポート層</td><td>TCP,UDP</td><td rowspan="2">OS</td></tr>
<tr><td>ネットワーク層</td><td>インターネット層</td><td>IP,ARP,ICMP,
OSPF…</td></tr>
<tr><td>データリンク層</td><td rowspan="2">ネットワーク・
インターフェイス層</td><td>Ethernet,PPP…</td><td rowspan="2">デバイスドライバ　NIC</td></tr>
<tr><td>物理層</td><td></td></tr>
</table>

ネットワークで実際にやり取りされるデータは、プロトコルの規約に従って形式化され、
適切な手順で伝送される。
このような詳細を定めるプロトコルも、このネットワーク階層に準じて階層化されている。

TCP/IPモデルでは、アプリケーションの機能を実現するための「アプリケーションプロトコル」、プログラム間でデータを伝送するためのUDPとTCP、ネットワークで機器間の通信を実現するIP

といったプロトコルが使われている。そしてこれらのプロトコルの下位には、「イーサネット」や「無線LAN」など、物理的なネットワークシステムがあり、それに固有のプロトコルがある。

*

これらのプロトコルに従ってデータ伝送を実現するためには、各プロトコルに従ってデータを扱うソフトウェアが必要になる。
これらのソフトウェアもプロトコルの階層に従って階層化されている。アプリケーションプロトコルのためのソフトウェアは個々のネットワークアプリケーションの内部に実装され、各種の「ネットワーク・インターフェイス」の制御やプロトコルの実装はドライバソフトウェアが担当する。
そしてその間をつなぐ「TCP/IP」は、すべてのアプリケーションとネットワークハードウェアに対して共通のものなので、オペレーティングシステムの内部に存在している。

「IP」「TCP」「UDP」など、プロトコルごとにソフトウェアはモジュール化されている。

10-2 各階層の役割

クライアントがyahooのホームページにアクセスした場合の各階層の役割を順次見てみよう。

まず、webブラウザのURLアドレスに、

```
http://www.yahoo.co.jp
```

と入力したとしよう。
「TCP/IPモデル」の階層ではこのURLのメッセージをどのように処理し、yahooサーバに届けるのだろうか。
逆に、メッセージを受けたyahooサーバはクライアントの要求に応じたホームページを提供するのだろうか。

ここで、最初に「階層間のやり取り」として、「TCP/IPモデル」の階層を使ったやり取りの全体像とその役割について見てみよう。

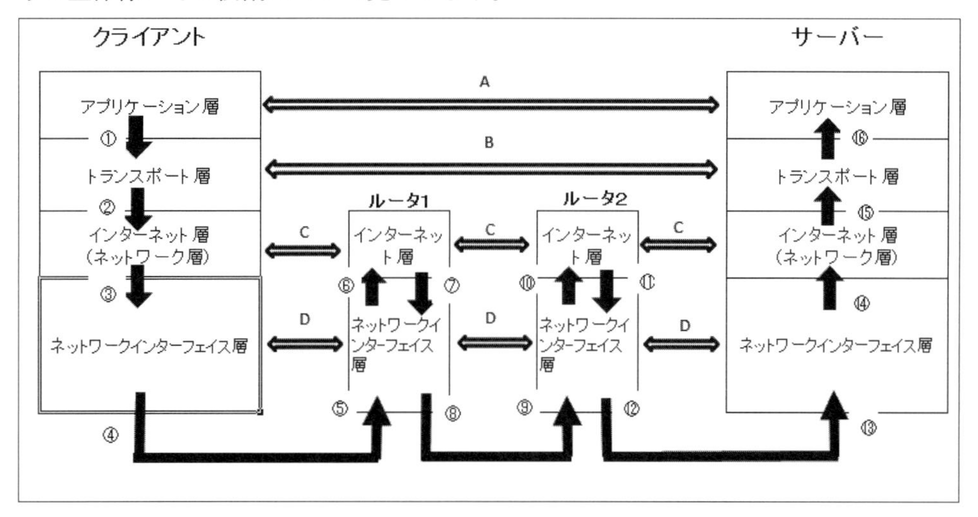

図10-1　「TCP/IPモデル」の「階層図」と役割

「クライアント」から「サーバ」に送られるメッセージ(データ)からは、2つの流れを読み取ることができる。

一つは、同じ階層同士「A」から「D」の「横のデータの論理的な流れ」(コネクション)である。

もう一つは「アプリケーション層」から「トランスポート層」「インターネット層」さらには「ネットワーク・インターフェイス層」へ、データが①から⑯に順次送られていく実際のデータの流れである。

＊

以下、両者の流れを順次見ていこう。

＊

[1]アプリケーション層

最初に、「TCP/IP」のうちの「第4層」の「アプリケーション層」の役割について説明しよう。

そのためアプリケーション層を取り出し、図解をしてみよう。

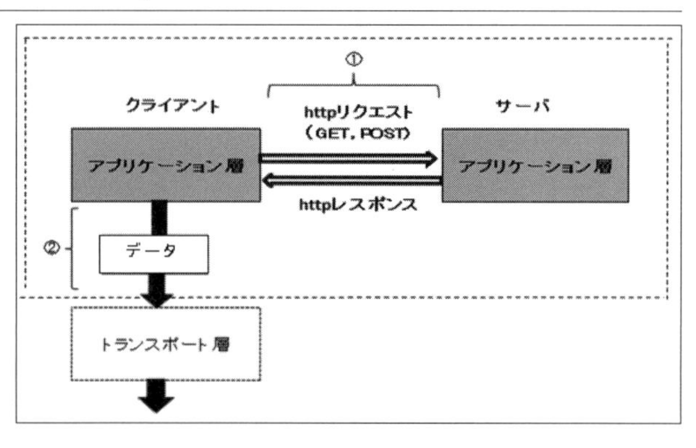

図10-2　アプリケーション層の構図

図の「アプリケーション層」では、①白抜きの横矢印で表示されている「同じ階層同士との「**データの論理的な流れ**」(論理的な通信＝コネクション)」と、②黒い縦線で表示される「**実際のデータの流れ**」からなっている。

①アプリケーション層同士からみたデータの流れ(論理的な流れ＝コネクション)

まずユーザーがホームページを見るため、Webブラウザを立ち上げ、URLにブラウザのURLに次のように打ち込む(プロトコル「http://」で始まるホスト・ドメイン名)を入力する。

Yahooのホームページ画面が瞬時に表示される。

このような背景には、アプリケーション層同士から見たデータのやり取りがある。

まず、yahooサーバにhttpリクエストを送る。

「リクエスト・メッセージ」はテキスト形式のデータである。

このデータを要求する際には、「GET」とファイル名index.htmlを伝える。

さらには、お互いのバージョンが一致しているかの確認のため、バージョン「HTML1.1」を知らせる。

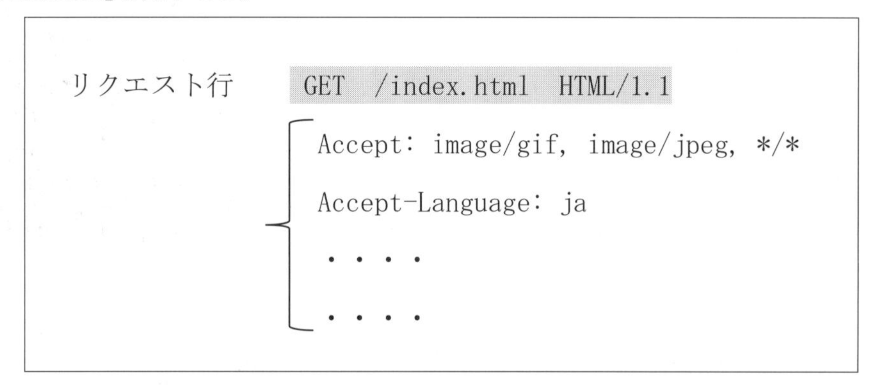

```
リクエスト行    GET /index.html HTML/1.1
              Accept: image/gif, image/jpeg, */*
              Accept-Language: ja
              ・・・・
              ・・・・
```

その他にも、自分が処理できる「画像形式」や「言語」、さらには「html形式」のメッセージを組み込む。

httpレスポンスについては、通信相手の要求を受けたことを「OK」で伝え、それに続けてWebページのデータをWebブラウザに送る。

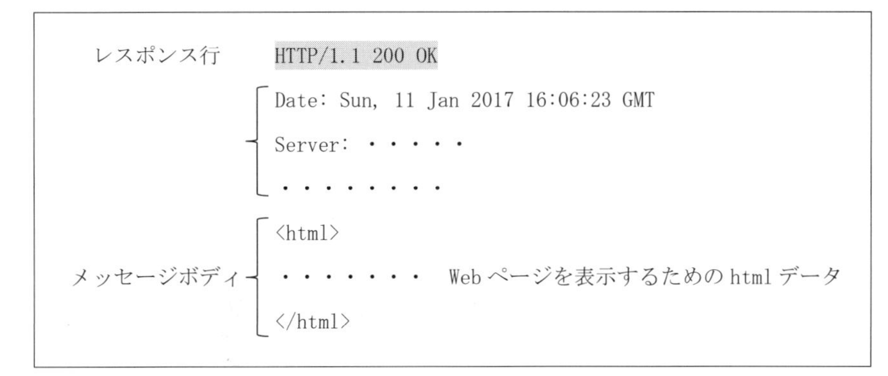

このようなユーザーの「リクエスト」、それに応じた「レスポンス」の一連のやり取りの処理は瞬時になされている。

その結果、私たちはホームページを見ることができるのである。

②実際のデータの流れ

「クライアント」と「Webサーバ」のやり取りは、アプリケーション階層同士の論理的なやり取りに見える。

しかし、実際には、「URLメッセージ」をアプリケーションデータとして、「第3層」の「トランスポート層」に送る。

「http」の「アプリケーション・プロトコル」は、対応する「TCP」か「UDP」のどちらかの「トランスポート層プロトコル」がそのパケットを取り扱えるように、パケットの形式を設定する。

[2] トランスポート層

次に、「アプリケーション層」からデータを受け取った「トランスポート層」はどのような役割を果たしているのだろうか。

「トランスポート層」を取り出して、図解しておこう。

図の「トランスポート層」では、通信を確立させるための、①「3ウェイハンドシェーク」により、論理的にTCPコネクションの確立や切断要求し、実際のデータの流れはTCPコネクションの確立後、②黒い縦の線で表示されている**セグメント(データ)**の流れで表示されている。

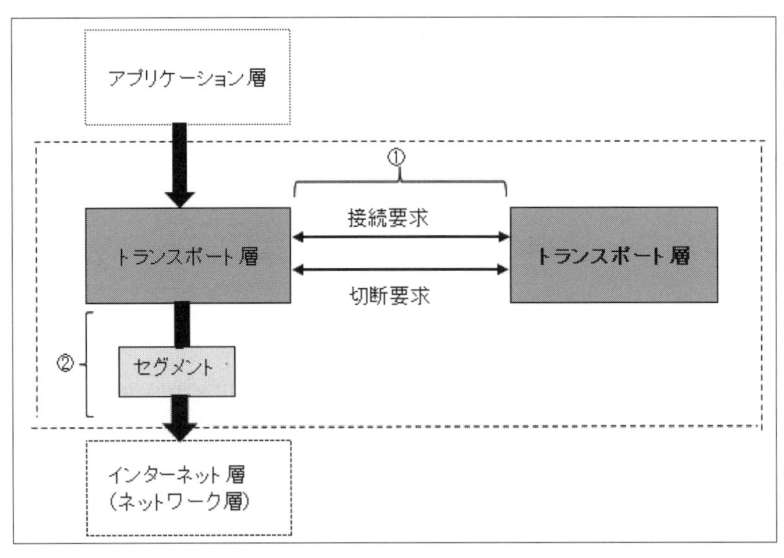

図10-3 「トランスポート層」の構図

①「トランスポート層」同士からみた「データ」の流れ(論理的な流れ＝コネクション)

ト「ランスポート層」同士での論理的な「TCPコネクション」の確立の仕方を見てみよう。

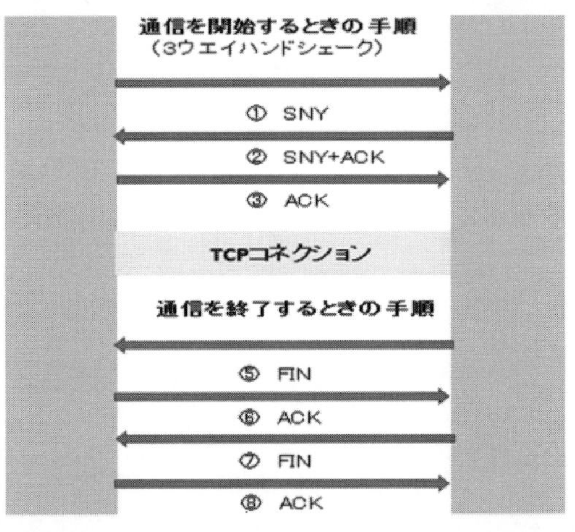

図10-4 トランスポート層同士からみたデータの流れ

図から、まず接続を確立するには、「3ウェイハンドシェーク」と呼ぶ①～③の3回の応答手順を実行する。

「SNY」(synchronize):通信開始のあいさつ
「ACK」(acknowledge):「ハイ」という返事
「FIN」(finish):通信終了のあいさつ

これにより、「通信経路の確保」、それも「自分から相手方向への通信経路」と、「相手から自分への通信経路」の両方の通信(全2重通信)が可能な通信経路が作られる。「TCPコネクションが確立」する。

送るデータがなくなると、コネクションを切断するための⑤〜⑧までの措置の手順を踏む。

この「TCPコネクション」が確立しているかのチェックは、中身まで詳しくみるにはパケットキャプチャソフトのサポートが必要となる(これについては**第11章**参照)。

簡単に「TCPコネクション」が確立したかのチェックは、コマンドプロンプトで「netstat」コマンドを入力することで分かる。

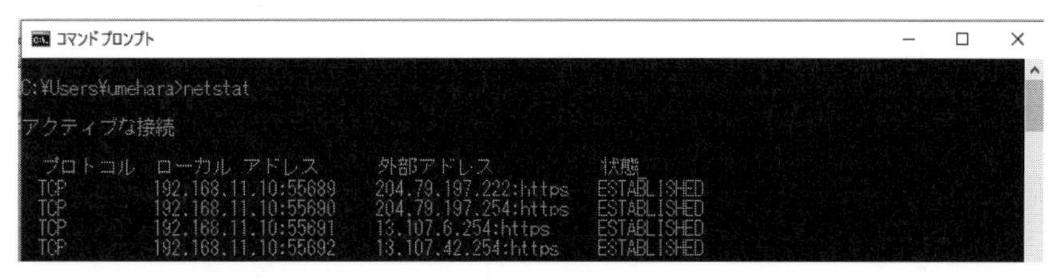

画面の右端にある「ESTABL ISHED」は自分と相手のマシンが「TCPコネクション」で確立している状態を示している。

②実際の「データ」の流れ

次に、「実際のデータの流れ」を見てみよう。

「アプリケーション・データ」が「トランスポート層」に到達すると、「トランスポート層」の「TCPプロトコル」は、「データのカプセル化」プロセスを開始する。

「トランスポート層」は、「アプリケーション・データ」を「トランスポート・プロトコル」のデータ単位に「カプセル化」する。

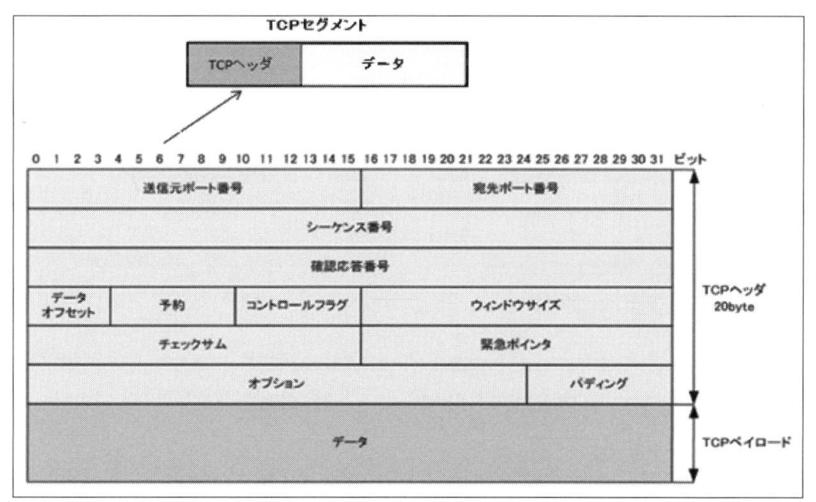

図10-5 「TCPヘッダ」のフォーマット

「TCP/IPプロトコル・スタック」を通過するとき、各層のプロトコルは、基本ヘッダにフィールドを追加したり、そこからフィールドを削除したりする。

「送信側システム」の「プロトコル」が「パケット・ヘッダ」にデータを追加する場合、そのプロセスを「データのカプセル化」と呼ぶ。

「TCP」はデータを確実に「受信側ホスト」に送信できるため、「「接続指向」のプロトコル」と呼ばれる。

この「TCP」は、「アプリケーション層」から受け取った「データ」を「セグメント」に分割し、各「セグメント」に「ヘッダ」を添付する。

＊

「セグメント・ヘッダ」には、「送信側と受信側のポート」「セグメント順序に関する情報」「検査合計」と呼ばれる「データ・フィールド」などが含まれている。

両方のホストのTCPプロトコルがこの検査合計データを使って、データがエラーなしに転送されたかどうかを判別する。

※　トランスポート層には、TCPプロトコルの他にUDPプロトコルがある。

この「アプリケーション・データ」を「カプセル化」した「TCPセグメント」は「インターネット層」に送られる。

[3]インターネット層

「トランスポート層」からセグメントを受け取った「インターネット層」(ネットワーク層)はどのような役割を果たしているのであろうか。

最初に、「インターネット層」を取り出し、図解をしておこう。

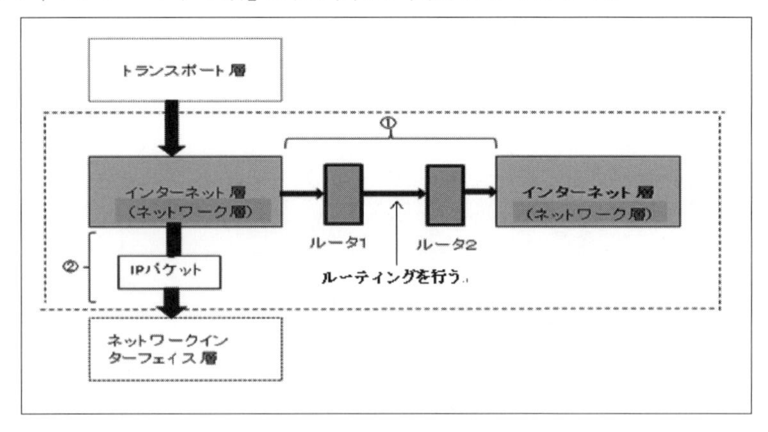

図10-6　「インターネット層」の構図

図の「インターネット層」では、「トランスポート層」から渡されたデータの「IPアドレス」が、自分につながっている「LAN」にあれば、直接そこに届ければよい。

しかし、①LANの外にあれば、ルータに渡して「ルーティグ・テーブル」に従って「ルーティング」を行ない、データを転送してもらう。

実際のデータの流れでは、②「黒い縦の線」で表示されている「IPパケット」(データ)

の流れが表示されている。

①「インターネット階層」同士の「ルーティング」から見たデータの流れ

「トランスポート層」から受け取った「セグメント」(データ)がルータに到着したとする。

このとき、「ルータ」は「宛先IPアドレス」と「サブネット・マスク」を使って、宛先ネットワークを判断する。

この「IPアドレス」がコンピュータの同じ「ネットワーク・グループ」にいれば問題がないが、他のグループならば「データ」を「ルータ」(デフォルト・ゲートウェイ)に送ることになる。

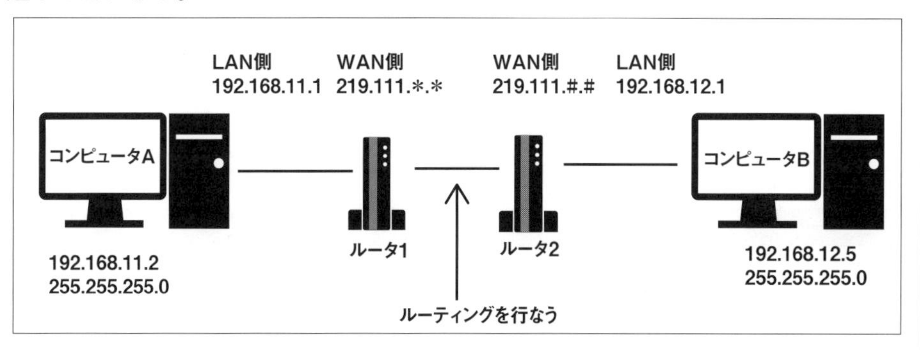

図10-7 インターネット階層同士のデータの流れ

ここで、2台の「ルータ」が接続されている場合の通信の手順を見ておこう。

(イ)「コンピュータA」は要求された「データ」を相手の「IPアドレス192.168.12.5」に送信する際に、このIPアドレスがまずLAN内にあるかチェックを行なう。

もしLAN内に存在しなければ、「ルータ1」、すなわち「デフォルト・ゲートウェイ」(192.168.11.1)に手渡す。

(ロ)そして、「ルータ1」は「192.168.12.0」宛のパケットがルータのインターフェイスで受け取られると、受け取ったルータはまず目的のIPアドレスをチェックする。

ルータは受け取ったIPアドレスを「どのインターフェイス」から「どこへ送信するのか」を決める。

ルータがもっている「ルーティング・テーブル」(経路情報)を参照して決める。

表10-4 「ルーティング・テーブル」表

宛先IP アドレス	サブネット・マスク	ゲートウェイ	インターフェイス	メトリック
198.168.12.0	255.255.255.0	219.111. * . *	ポート1	1
192.168.11.0	255.255.255.0	219.111. # . #	ポート2	1

※ 宛先は「192.168.12.5」でなく「192.168.12.0」とし、ゲートウェイには自身のインターフェイスのIPアドレスでなく、1つ先のアドレスを指定している。

※ メトリックはどの経路を使うべきかを表す優先度のことである。
最適経路はネットワークの仮想的な距離を算出して最も短いものを選ぶ手法が使われる。
この距離の役割を果たす指標を「メトリック」(あるいは「ルーティングメトリック」)と呼ぶ。

(ハ)「ルータ2」に届けられた「パケット」は「LAN内」の「コンピュータB」にデータが届く。

ここで、実際の「ルーティング・テーブル」表をみてみよう。コマンドプロンプト画面に

```
>route print
```

と入力する。「Ipv4 ルートテーブル」が表示される。

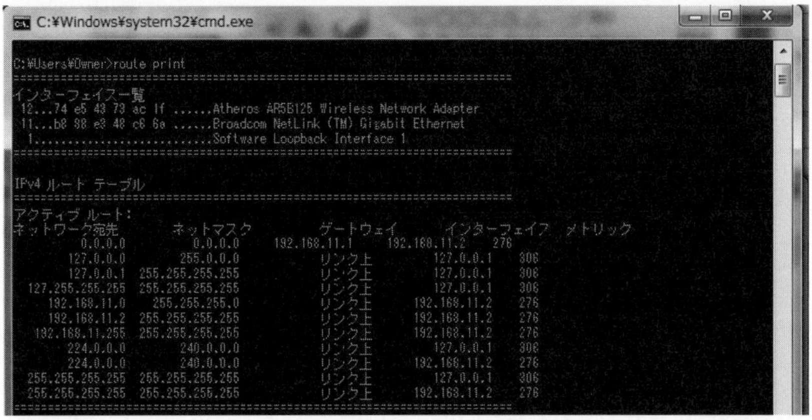

```
C:¥Windows¥system32¥cmd.exe

C:¥Users¥Owner>route print
===========================================================================
インターフェイス一覧
 12...74 e5 43 73 ac lf ......Atheros AR5B125 Wireless Network Adapter
 11...b8 88 e3 48 c6 6a ......Broadcom NetLink (TM) Gigabit Ethernet
  1...........................Software Loopback Interface 1
===========================================================================

IPv4 ルート テーブル
===========================================================================
アクティブ ルート:
ネットワーク宛先        ネットマスク          ゲートウェイ       インターフェイス  メトリック
          0.0.0.0          0.0.0.0     192.168.11.1     192.168.11.2    276
        127.0.0.0        255.0.0.0            リンク上         127.0.0.1    306
        127.0.0.1  255.255.255.255            リンク上         127.0.0.1    306
  127.255.255.255  255.255.255.255            リンク上         127.0.0.1    306
     192.168.11.0    255.255.255.0            リンク上      192.168.11.2    276
     192.168.11.2  255.255.255.255            リンク上      192.168.11.2    276
   192.168.11.255  255.255.255.255            リンク上      192.168.11.2    276
        224.0.0.0        240.0.0.0            リンク上         127.0.0.1    306
        224.0.0.0        240.0.0.0            リンク上      192.168.11.2    276
  255.255.255.255  255.255.255.255            リンク上         127.0.0.1    306
  255.255.255.255  255.255.255.255            リンク上      192.168.11.2    276
===========================================================================
```

この「IPv4」の「ルートテーブル表」は、「ルーティング」に関する一覧が表示されている。

項目の「ネットワーク宛先」では「ネットワーク・アドレス」、「ネットマスク」は「サブネット・マスク」、「ゲートウェイ」は「転送先」、「インターフェイス」は実際に転送を実施する「NIC」、「メトリック」は転送するネットワークまでに経由する「ルータの数」を表す。

「送信先のIPアドレス」と、「ネットワーク宛先」と「ネットマスク」とを照らし合わせて転送先を決め、インターフェイスで指定された「NIC」を利用してデータを送信する。

＊

「インターフェイス」1つにつき、最低限でも、

「3行目の 自身(ホスト)への経路」
「4行目で自身の所属するネットワークへの経路」
「2行目で ローカルループバックへの経路」

の3つは必ず必要になる。

このうち「ローカルループバックへの経路」は、仮想インターフェイスのための経路である。

たとえインターフェイスが1つもなくても、必ず自動的に設定される。1行目は同じネットワークにないIPアドレスはすべて「ゲートウェイ」に送ることを示している。

②実際のデータの流れ

「トランスポート層」から送られたセグメント(データ)は「IPアドレス」をヘッダに付け「カプセル化」し、「IPパケット」として「ネットワーク・インターフェイス層」(物理層)に送られる。

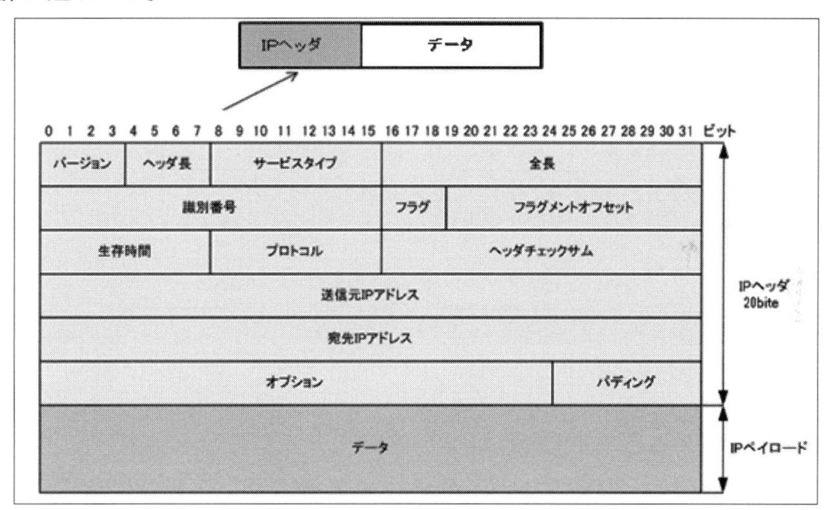

図10-8　IPヘッダのフォーマット

「IPパケット」の構造は、(1)「IPヘッダ部分」と、(2)「IPパケット」によって運ばれるデータ部分の大きく2つに分けられる。

そして「IPヘッダ」はさらに(a)「固定長の部分」(先頭の20bytes)と、(b)「オプション部分」の2つから成り立っている。

＊

「IPパケット」で送るデータが何もない場合でも(実際には上位のデータがまったくないということはないが)、「IPヘッダ」部分だけは必要になるので、「(理論的な)IPパケットの最小サイズ」は「20bytes」ということになる。

[4]「ネットワーク・インターフェイス層」

「インターネット層」から「IPパケット」を受け取った「ネットワーク・インターフェイス層」(物理層)はどのような役割を果たしているのだろうか。

「ネットワーク・インターフェイス層」を取り出し、図解をしておこう。

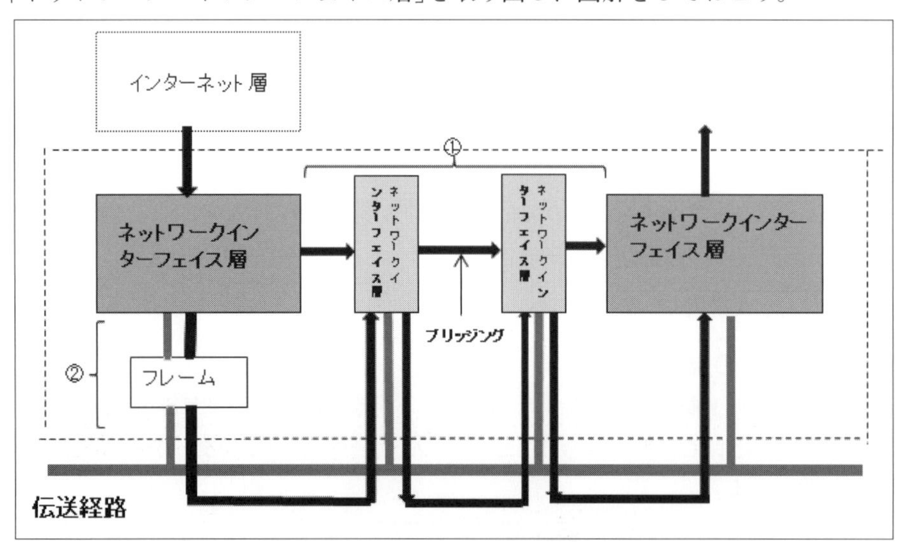

図10-9　「ネットワーク・インターフェイス」階層同士のデータの流れ

図から、①「ネットワーク・インターフェイス層」間では、「MACアドレス・テーブル」により、データの「ブリッジング」が行われる。

※ネットワーク上で、ケーブルに流れる「データ」の「中継機能を持った装置」のことを「ブリッジ」(bridge)という。これには「リピータ」「ルータ」「ゲートウェイ」などがある。
「LAN間」を行き来する「データ」の「宛先MACアドレス」を見て、「ブリッジ」は「中継する／しない」の判断、すなわち「ブリッジング」をしている。

実際のデータの流れは、②上位層のインターネット層から「ネットワーク・インターフェイス」層が受け取ったIPパケット(データ)にMACアドレスをヘッダに付けカプセル化し、MACフレームを作り、伝送している。

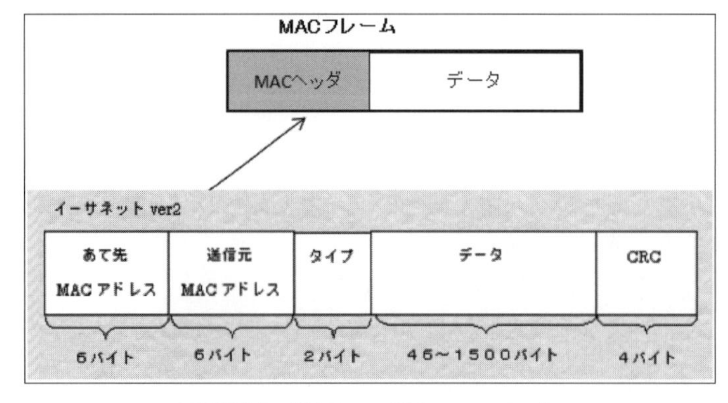

図10-10　MACヘッダのフォーマット

この「MACアドレス」は各コンピュータの「LANカード」に固有についているもので、この「MACアドレス」を手に入れるため「ARPプロトコル」を使っている。各コンピュータの「IPアドレス」に応じた「MACアドレス」が表示されている。

> ※各コンピュータは「MACアドレス」を手に入れるため、すべてのコンピュータに「MACブロードキャスト」を行う。

ここで、「IPアドレス」と「MACアドレス」の対応関係を見るには、次のコマンドを打つ。

```
> arp -a
```

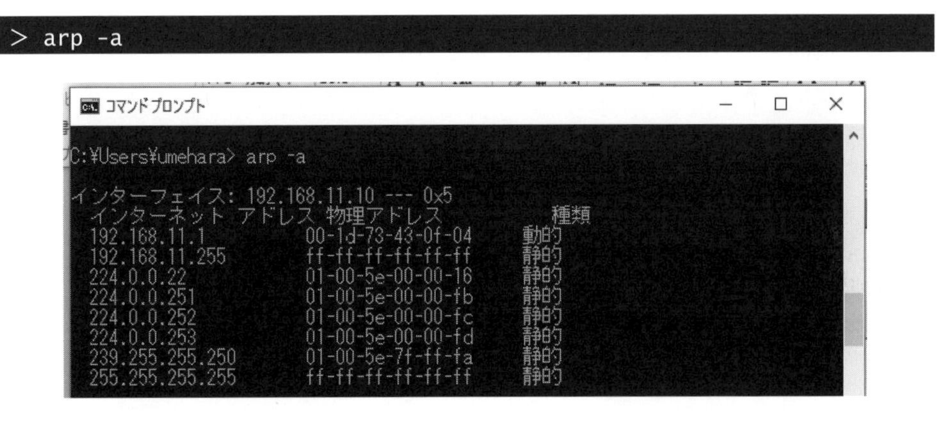

そして、この「MACフレーム」は「LANカード」によって電気信号に変換され、イーサネットの規格にしたがって「ネットワークの物理的な媒体」(ケーブル線などの伝送経路)に送り出すための実務上の処理を行う。

10-3　データの全体の流れ

「TCP/IPモデル」の4つの階層の「論理的流れ」と「実際のデータの流れ」が理解できた。最後に、「全体のデータ」の流れを見ておこう。

＊

最初に、「データが実際どのようにクライアントから各層を通しサーバに送信されるか」、「データを送られたサーバがそれをどのように受信するか」という「全体」の流れを見る。

図は「アプリケーション・ソフト」から「送信」された「データ」が、「受信相手」となる「機器」との間でこの「4段層」を降りたり登ったりすることを示している。これが通信の具体的操作である。

ここでは、「Webアクセス」を例にとっている。

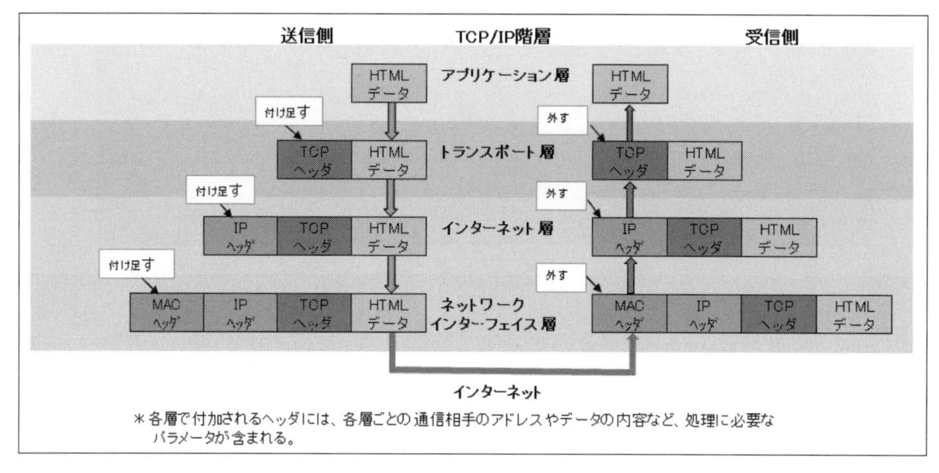

図10-11　データの全体の流れ

「ユーザー」はコンピュータの「Webブラウザ」を起動し、Webサイトの任意のアドレスを入力してエンターを押す。

WebブラウザはWebアクセスに使うアプリケーション層のプロトコルである「HTTP」を使い、WebサーバにWebサイトのデータを送ってほしいというメッセージをHTTPデータとして作り出す。

作成した「HTTPデータ」を「Webサーバ」に送るため、「アプリケーション層」のプロトコルは「トランスポート層」のプロトコル(ここではTCP)にこのデータを渡す。

次に、「トランスポート層」のプロトコルは「インターネット層」へデータを渡す。

そして、「インターネット層」のプロトコルは「ネットワーク・インターフェイス層」にデータを渡す。

「ネットワーク・インターフェイス層」のプロトコルはこのデータを電気信号にしてケーブルに伝える。

「受信側」では、「ネットワーク・インターフェイス層」のプロトコルがケーブルから電気信号を受け取り、それをデータ化して「ネットワーク層」へ渡す。

「送信側」と逆の順序でデータは各層を登っていき、「アプリケーション層」のプロトコルに着く。

「データ」を受け取った「Webサーバ」は、要求された「Webページのデータ」を「Webブラウザ」に送り出す。

ここでも、「Webサーバ」のアプリケーションから、「HTTP→TCP→・・」と流れていく。

データが「上から下に」渡されるときには、データに「ヘッダ」を付け、逆に下から上に渡すときは「プロトコル」が「ヘッダ」を外す。

各層で「ヘッダの付け外し」が行われ、この「ヘッダの付け外し」が「プロトコルの役割」である。

MEMO

第11章

ネットワーク管理とトラブル対策

ネットワークは日々さまざまなトラブルに見舞われている。

このように日々生じるトラブルにどのように対処すべきだろうか。

即、サポート会社やトラブルに詳しい人にトラブル処理を頼むのも1つの解決策だが、これからの「IoT」時代には、最低限のネットワーク管理とトラブル対処知識を持つことは必要不可欠になる。

本章では、「ネットワーク管理」や「トラブルへの対応」のプロセスをみてみよう。

11-1 トラブルの種類の区分

最初に、「ネットワーク・トラブル」がどのようなトラブルかを見分ける必要がある。

トラブル対策をただデタラメに実行しても徒労に終わるからである。

まずしっかりとトラブルがどのような種類なのか区分しよう。

発生したトラブルが、「悪意的なトラブル」か、それとも「悪意的でないトラブル」の発生なのか区分けがまず必要である。

「悪意的なトラブル」には「外部あるいは内部からの不正アクセス」がある。

「悪意的でないトラブル」には、さらに「トラブル」が「ハード的」なものか、あるいは「ソフトウェア的」なものか、の切り分けが必要である。

＊

まとめてみよう。

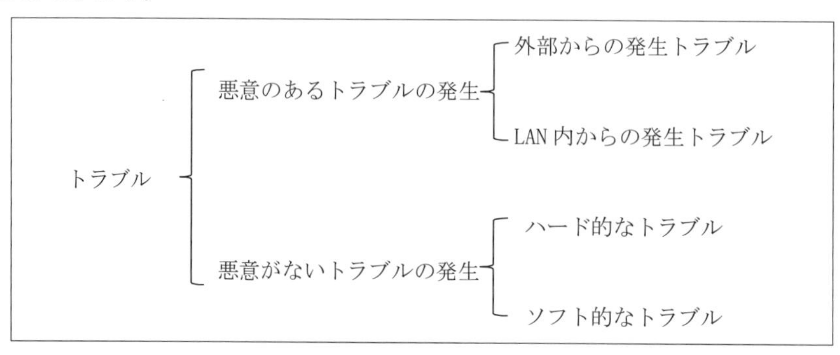

[1]悪意的なトラブル

このうち、「悪意的なトラブルの発生」には、「外部からの発生トラブル」と「LAN内からの発生トラブル」がある。

前者は「クラッカー」や「フィッシング詐欺」など、後者は「アクセス権のない者による不正アクセス」が考えられる。

「クラッカー」は「ネットワーク経由」で「不正アクセス」をする人を言い、OSやプログラムの欠陥であるいわゆる「セキュリティ・ホール」、企業などの「システムの欠陥」を狙ってくる。

被害としては、「個人情報」「ID」「パスワード」が盗まれたり、「ホームページの改ざん」「悪事の踏み台」などさまざまな被害が起きる。

「フィッシング詐欺」は「不正アクセス」を直接的に引き起こす原因となっているものである。

正規サイトを装ったメールを送信し、ユーザーを「偽サイト」に誘導し「ID・パスワード」を入手することを目的としている。

[2]悪意がないトラブル

「悪意がないトラブルの発生」には、「ケーブルの破損」や「コネクタの不備」などの“ハード的”なものと、「IPアドレス」や「ルータの設定ミス」などの“ソフト的な”ミスなどがある。

これらのトラブルの特定ができれば具体的な対応策を採ることができる。

これらのトラブル対処に強い味方になるのが、「タスクマネージャー」や「ネットワーク管理コマンド」である。まず、最初によく使われる「タスクマネージャー」の役割を理解しよう。

11-2　タスクマネージャー

Windowsシステムには、日々のネットワークが無事に稼働するように様々なシステムが組み込まれている。その一つが「タスクマネージャー」である。

*

最初に、この「タスクマネージャー」を利用して「ネットワーク・トラブル」への対処の仕方を見てみよう。

[1]「タスクマネージャー」の役割①

「タスクマネージャー」では、OSが現在どのようにハードウェアを使い、タスクを実行しているか 詳細を知ることができる。

コンピュータがフリーズしたり、思ったように動かせないなどのトラブルが発生したときに、現状を「タスクマネージャー」で確認することができる。+

＊

ここで、「タスクマネージャー」を起動させ、役割を見てみよう。

①デスクトップ画面の下部の何もない個所にマウスを右クリック

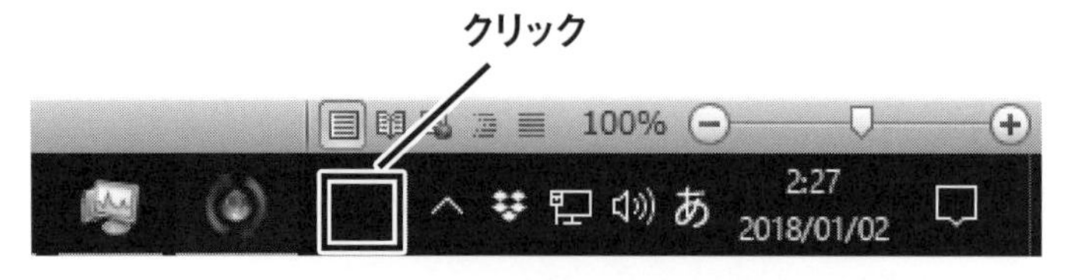

②画面の「タスクマネージャー」をクリック

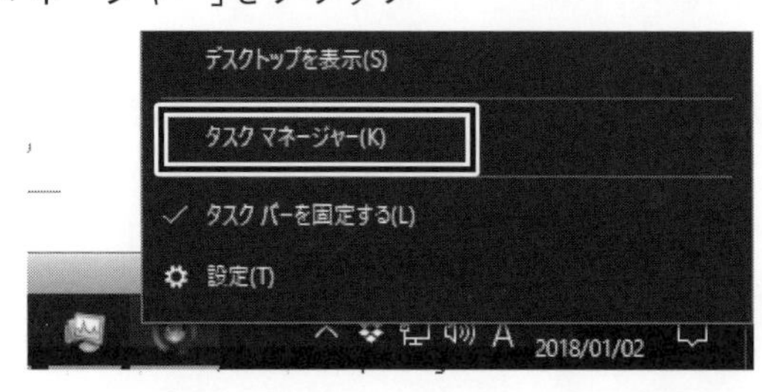

③画面の「詳細」をクリック

現在動いているアプリケーションの一覧が表示される。

もしコンピュータがフリーズなどトラブルを起こしているときは、ここに多くのアプリケーションが表示される。

それらの項目にマウスでカーソルをあて、タスクの終了をクリックすると、開いているアプリケーションを強制的に終了させることができる。

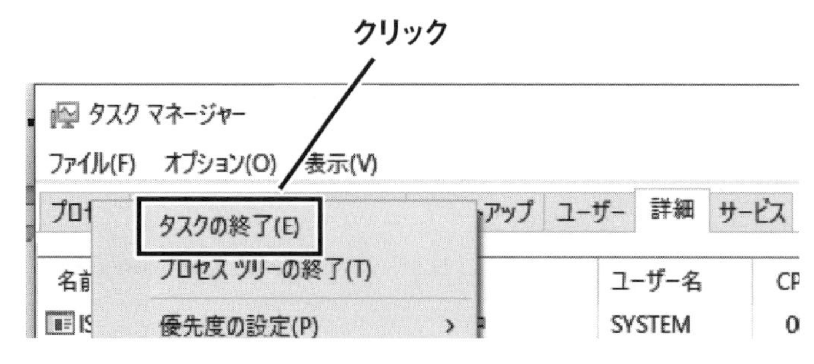

コンピュータがフリーズしたとき、正常に動かせないときの回避策として有効である。

[2]「タスクマネージャー」の役割②

　コンピュータが重たいときやフリーズしているときに、CPUがどのぐらい使われているか、「タスクマネージャー」で確認できる。

　画面から「パフォーマンス」をクリックする。

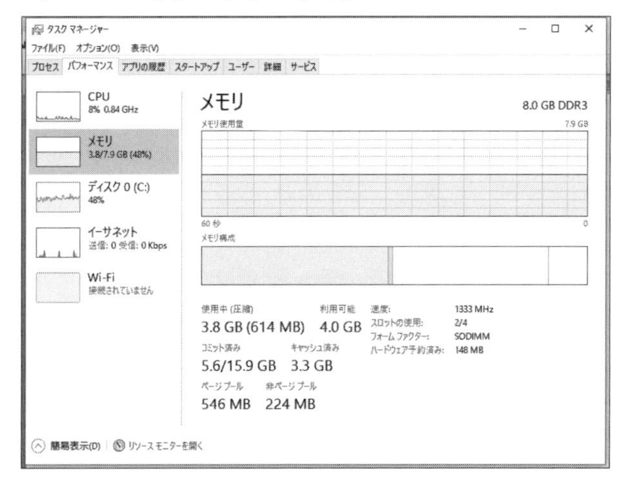

　CPUやメモリがどのくらい現在使われているかが分かる。

　残存のメモリが少なくなると動作が非常に遅くなり、フリーズ気味になる。

　このような場合、メモリ容量を増やすために、大量に使っているアプリケーションを終了させる措置をとる。

[3]「タスクマネージャー」の役割③

　どのようなアプリがCPUやメモリを使っているか、「タスクマネージャー」で見ることができる。

　そのためには、画面の「プロセス」をクリックする。

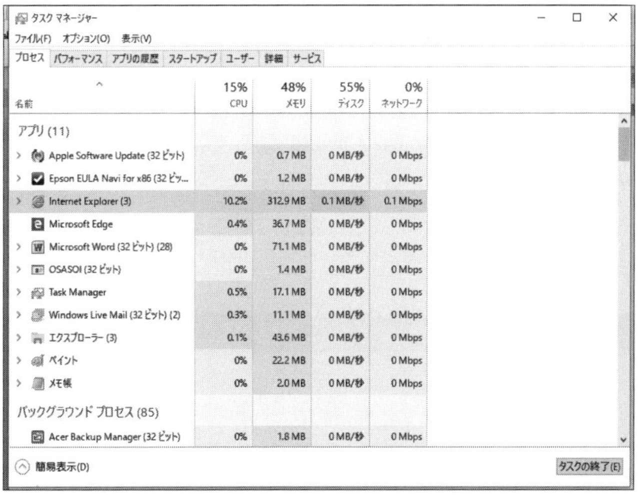

画面でメモリを現在大量に消費しているのが「Internet Explorer(3)」であることがわかる。緊急時などは、アプリケーションと同様に、CPU使用率やメモリ使用率の高いプロセスを強制的に終了させることもできる。

このように、「タスクマネージャー」を操作することで、トラブル解消への手掛かりを得ることができる。

11-3 管理コマンド

ネットワークを日々管理する際に、使うのが「ネットワークの管理コマンド」である。

正常にネットワークが稼働しているかチェックしたり、「新たにシステムを追加」したり、あるいは、「ネットトラブルの原因を探り出す」などに、「管理コマンド」は頻繁に使われている。

[1]初級レベルの管理コマンド

まず、ネットワーク初心者が一番使用する3つの管理コマンド「ipconfig」「ping」「nslookup」を見てみよう。

*

これらの「管理コマンド」は、「トラブル対処」に使われるのみだけでなく、ネットワークを日々、「維持」「管理」するためにも重要なコマンドである。

ネットワーク初心者の「三種の神器」とも言える。

*

最初に、「ipconfig」コマンドから見ていこう。

*

①ipconfigコマンドの役割

「ipconfig」(アイピーコンフィグ)コマンドは、「自分のコンピュータのネットワーク設定を確認」したり、「再設定」したりするときに使うコマンドである。

「ネットワークが突然接続できなくなった」などのトラブルに見舞われたとき、その原因を探す第一歩が「自分のコンピュータのIPアドレスなどの設定が正しいかを確認」することである。「ipconfig」コマンドを使うと、「現在のネットワーク設定」をコンピュータの画面に表示してくれる。

*

コマンドプロンプト画面に、

```
>ipconfig
```

と入力する。

```
イーサネット アダプター ローカル エリア接続:

   接続固有の DNS サフィックス . . . . . :
   説明. . . . . . . . . . . . . . . . . : Broadcom NetLink (TM) Gigabit Ethernet
   物理アドレス. . . . . . . . . . . . . : B8-70-F4-F0-4F-CA
   DHCP 有効 . . . . . . . . . . . . . . : いいえ
   自動構成有効. . . . . . . . . . . . . : はい
   リンクローカル IPv6 アドレス. . . . . : fe80::8c26:aeb2:652b:56c2%5(優先)
   IPv4 アドレス . . . . . . . . . . . . : 192.168.11.10(優先)
   サブネット マスク . . . . . . . . . . : 255.255.255.0
   デフォルト ゲートウェイ . . . . . . . : 192.168.11.1
   DHCPv6 IAID . . . . . . . . . . . . . : 236745992
   DHCPv6 クライアント DUID. . . . . . . : 00-01-00-01-16-02-30-1A-B8-70-F4-F0-4F-CA
   DNS サーバー. . . . . . . . . . . . . : 192.168.11.1
   NetBIOS over TCP/IP . . . . . . . . . : 有効
```

画面には、自分のコンピュータに割り当てられている「IPアドレス」「サブネット・マスク」「デフォルト・ゲートウェイ」の設定情報が表示される。

＊

「より詳細な設定情報を調べたい」場合や、「IPアドレスを再設定したい」ときには、「オプションパラメータ」を使う。

たとえば、「コンピュータのネットワーク設定情報」を詳しく調べるときには、「/all」オプションを使う。

以下のように打ち込む。

```
>ipconfig /all
```

画面は、次のようになる。

```
イーサネット アダプター ローカル エリア接続:

   接続固有の DNS サフィックス . . . . :
   説明. . . . . . . . . . . . . . . . : Broadcom NetLink (TM) Gigabit Ethernet
   物理アドレス. . . . . . . . . . . . : B8-88-E3-48-C6-6A
   DHCP 有効 . . . . . . . . . . . . . : はい
   自動構成有効. . . . . . . . . . . . : はい
   リンクローカル IPv6 アドレス. . . . : fe80::1cbf:a49f:e2ec:d488%11(優先)
   IPv4 アドレス . . . . . . . . . . . : 192.168.11.6(優先)
   サブネット マスク . . . . . . . . . : 255.255.255.0
   リース取得. . . . . . . . . . . . . : 2017年12月17日 18:13:09
   リースの有効期限. . . . . . . . . . : 2017年12月19日 18:13:09
   デフォルト ゲートウェイ . . . . . . : 192.168.11.1
   DHCP サーバー . . . . . . . . . . . : 192.168.11.1
   DHCPv6 IAID . . . . . . . . . . . . : 249302689
   DHCPv6 クライアント DUID. . . . . . . . . : 00-01-00-01-17-85-19-DD-B8-88-E3-48-C6-6A
   DNS サーバー. . . . . . . . . . . . : 192.168.11.1
   NetBIOS over TCP/IP . . . . . . . . : 有効
```

「IPアドレス」などの情報に加えて、「物理アドレスのMAC（マック）アドレス」「DNSサーバ」や「DHCPサーバ」の情報も表示される。

ただし、「IPアドレス」を「手動」で設定している場合には、「DHCPサーバ」は使っていないので、「DHCPサーバ」の「有効」は「いいえ」になっている。

「ipconfig」の「オプション」は、

```
>ipconfig -a
```

と打つ。

すると、画面に、「ipconfig」の「オプション」の一覧が表示される。

```
オプション:
   /?               このヘルプ メッセージを表示します。
   /all             すべての構成情報を表示します。
   /release         指定されたアダプターの IPv4 アドレスを解放します。
   /release6        指定されたアダプターの IPv6 アドレスを解放します。
   /renew           指定されたアダプターの IPv4 アドレスを更新します。
   /renew6          指定されたアダプターの IPv6 アドレスを更新します。
   /flushdns        DNS リゾルバー キャッシュを破棄します。
   /registerdns     すべての DHCP リースを最新の情報に更新し、DNS 名
                    を再登録します。
   /displaydns      DNS リゾルバー キャッシュの内容を表示します。
   /showclassid     アダプターが使用できるすべての DHCP クラス ID を表示
                    します。
   /setclassid      DHCP クラス ID を変更します。
   /showclassid6    アダプターに許可されたすべての IPv6 DHCP クラス ID を
                    表示します。
   /setclassid6     IPv6 DHCP クラス ID を変更します。
```

②「ping」コマンドの役割

「ping」コマンドは、「ICMP」(Internet Control Message Protocol)の「echo request/echo reply」メッセージを使って、「IPパケットの正常な到達を確認する」コマンドである(すでに**第2部**で使っている)。

これはネットワークを学ぶ初心者であろうと、管理者であろうと必ずお世話になるコマンドである。

「ping」コマンドは様々な役割を持ち、一度これを覚えるとネットワークに自信をもつことができる。順次見ておこう。

*

(イ)「通信確認」や「応答時間」が分かる

最初に、「ping」コマンドの重要な役割として挙げるのが、「コンピュータ同士の通信の確認」ができることである。

使い方は、(1) Windowsマシンの「コマンドプロンプト」を起動し、(2)そこに「ping」と打ち、「半角スペース」を入れ、その後に調べたい「ホスト」(「コンピュータ」や「ネットワーク機器」)の「IPアドレス」を指定して「Enter」(エンター)キーを押す、というのが使い方の基本的な手順になる。

たとえば、「IPアドレス」が「219.166.23.18」の「ホスト」からの応答を調べる場合には,

```
>ping  219.166.23.18
```

と入力する。

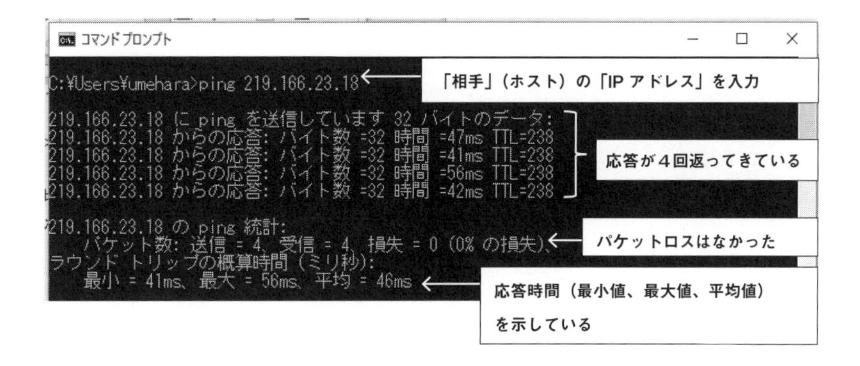

ホストがネットワークに接続されていると、「～の応答(Reply from・・)：」という表示が4回返ってくる。

これは「ping」コマンドを１回実行すると,指定したIPアドレスの「ホスト」に対して「32バイト」の「要求パケット」を「4回送信」することがデフォルトになっているためである。

応答結果の表示に加えて、統計情報として、「パケット・ロスの発生具合」や「ネットワークの応答時間」(最小値、最大値、平均値)も表示される。

＊

pingの結果からは、次のようなことが分かる。

・**ネットワークの到達可能性**―応答が１つでも返ってくるなら、相手先との通信経路が正しく設定されている

・ネットワークの遅延時間―応答時間から判断できる。
遠くにあるホストほど遅くなる。
Windowsのpingコマンドでは、1ms以下だと「時間 <1ms」と表示される

> ※1msは0.001秒である。

・**ネットワークの混雑度**―「応答が遅い」「喪失率が0%でない」「応答時間のばらつきが大きい」などの傾向があるなら、ネットワークがかなり混雑している

さらに、「オプション」として、

```
>ping  -n  10 192.168.11.6
```

と打つ。

画面には、10回送信して10回とも応答があることが表示される。

```
C:¥Users¥umehara>ping -n 10 192.168.11.6

192.168.11.6 に ping を送信しています 32 バイトのデータ:
192.168.11.6 からの応答: バイト数 =32 時間 =1ms TTL=128
192.168.11.6 からの応答: バイト数 =32 時間 <1ms TTL=128
192.168.11.6 からの応答: バイト数 =32 時間 <1ms TTL=128
192.168.11.6 からの応答: バイト数 =32 時間 <1ms TTL=128
192.168.11.6 からの応答: バイト数 =32 時間 <1ms TTL=128
192.168.11.6 からの応答: バイト数 =32 時間 =1ms TTL=128
192.168.11.6 からの応答: バイト数 =32 時間 <1ms TTL=128
192.168.11.6 からの応答: バイト数 =32 時間 <1ms TTL=128
192.168.11.6 からの応答: バイト数 =32 時間 <1ms TTL=128
192.168.11.6 からの応答: バイト数 =32 時間 <1ms TTL=128

192.168.11.6 の ping 統計:
    パケット数: 送信 = 10、受信 = 10、損失 = 0 (0% の損失)、
ラウンド トリップの概算時間 (ミリ秒):
    最小 = 0ms、最大 = 1ms、平均 = 0ms
```

「pingのオプション」の「一覧」を見てみよう。

```
>ping
```

```
オプション:
    -t             中断されるまで、指定されたホストを Ping します。
                   統計を表示して続行するには、Ctrl+Break を押してください。
                   停止するには、Ctrl+C を押してください。
    -a             アドレスをホスト名に解決します。
    -n 要求数      送信するエコー要求の数です。
    -l サイズ      送信バッファーのサイズです。
    -f             パケット内の Don't Fragment フラグを設定します (IPv4 のみ)。
    -i TTL         Time To Live です。
    -v TOS         Type Of Service (IPv4 のみ。この設定はもう使用されておらず、
                   IP ヘッダー内のサービス フィールドの種類に影響しません)。
    -r ホップ数    指定したホップ数のルートを記録します (IPv4 のみ)。
    -s ホップ数    指定したホップ数のタイムスタンプを表示します (IPv4 のみ)。
    -j ホスト一覧  一覧で指定された緩やかなソース ルートを使用します
                   (IPv4 のみ)。
    -k ホスト一覧  一覧で指定された厳密なソース ルートを使用します
                   (IPv4 のみ)。
    -w タイムアウト
                   応答を待つタイムアウトの時間 (ミリ秒) です。
    -R             ルーティング ヘッダーを使用して逆ルートもテストします
                   (IPv6 のみ)。
                   RFC 5095 では、このルーティング ヘッダーは使用されなくなり
                   ました。このヘッダーが使用されているとエコー要求がドロップ
                   されるシステムもあります。
    -S ソースアドレス
                   使用するソース アドレスです。
    -c コンパートメント
                   ルーティング コンパートメント識別子です。
    -p             Hyper-V ネットワーク仮想化プロバイダー アドレスを
                   ping します。
    -4             IPv4 の使用を強制します。
    -6             IPv6 の使用を強制します。
```

(ロ)ネットワークのトラブル個所の解明

「ping」コマンドは(イ)で見てきたように通信相手との経路に異常がないかを調べるために使われる。

しかし、それだけではない。「ping」コマンドの威力はトラブルの原因がある範囲を絞り込むことができる点にある。

たとえば「インターネットへのアクセス」が全くできなくなった(Webサーバやメールサーバへアクセスできなくなった)とすると、以下のような順番でトラブルの場所(通信が不通になっている場所)を特定していく。

(1)「ローカルループバックアドレス」へ「ping」を実行する。「TCP/IP」が正しくインストールされていれば、これは通るはずである。

(2)「ネットワーク・インターフェイス」に割り当てられた「IPアドレス」に「ping」を実行してみる。IPアドレスが正しく割り当てられているかどうかが分かる。

(3)同一の「ローカルネットワーク・セグメント」上にある「ホスト」に対して「ping」を実行してみる。ローカルのネットワーク上のクライアント同士で通信できるかどうかが分かる(この通信には「ルータ」は関与しない)。

(4)「ルータ」(デフォルト・ゲートウェイ)に対して「ping」を実行してみる。「デフォルト・ゲートウェイ」と通信できるかどうかが分かる。

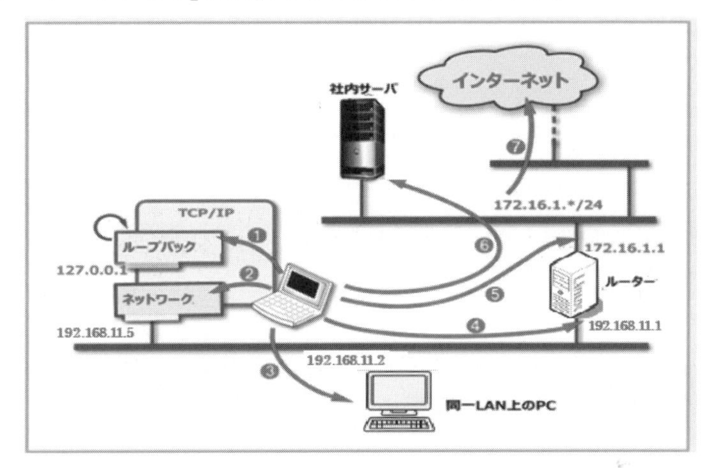

図11-1 「ネットワーク」の「トラブル個所」の解明手順

(5)「ルータ」の出口側の「IPアドレス」に対して「ping」を実行してみる。
「ルータ」が正しく「ルーティング」しているかどうか、「ルーティング設定」が正しいかどうかなどが分かる。

(6)「ルータ」を越えた先にあるサーバなどに対して「ping」を実行してみる。
「IPアドレス」だけでなく「サーバ名」や「FQDN名」などでも「ping」する。「サーバと通信できるか」「社内向けDNSサーバの設定が正しいかどうか」などが分かる。

(7)「インターネット」に「アクセス」してみる。「インターネットアクセス」が正しく行われ、「名前解決」や「ファイアウォール」なども正しく動作しているかどうかが分かる。

その結果、さまざまな「エラーメッセージ」が表示される。その例を見てみよう。

＊

・エラーメッセージ①

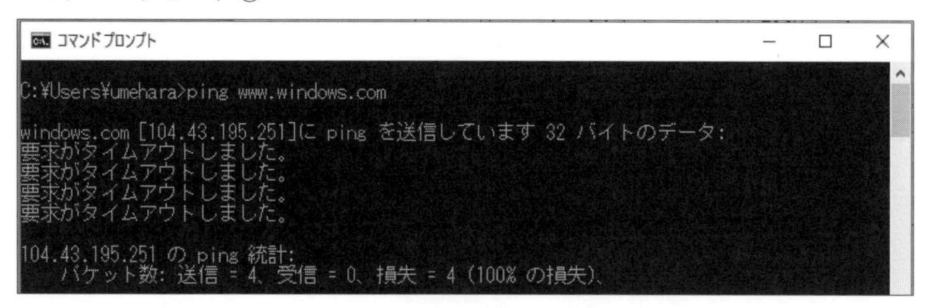
C:¥Users¥umehara>ping www.windows.com

windows.com [104.43.195.251]に ping を送信しています 32 バイトのデータ:
要求がタイムアウトしました。
要求がタイムアウトしました。
要求がタイムアウトしました。
要求がタイムアウトしました。

104.43.195.251 の ping 統計:
    パケット数: 送信 = 4、受信 = 0、損失 = 4 (100% の損失)、

「**要求がタイムアウトしました。**」は、「ICMP」の応答を指定された時間内に受け取ることができなかったということを表している。

「ホスト」や「ネットワーク」に問題があって、「応答パケット」が相手から戻ってきていない状態を示す。

・エラーメッセージ②

さらに、次のようなケースもある。

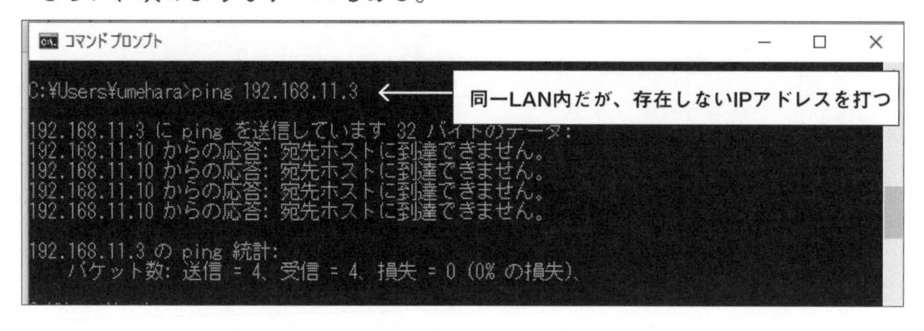
C:¥Users¥umehara>ping 192.168.11.3

192.168.11.3 に ping を送信しています 32 バイトのデータ:
192.168.11.10 からの応答: 宛先ホストに到達できません。
192.168.11.10 からの応答: 宛先ホストに到達できません。
192.168.11.10 からの応答: 宛先ホストに到達できません。
192.168.11.10 からの応答: 宛先ホストに到達できません。

192.168.11.3 の ping 統計:
    パケット数: 送信 = 4、受信 = 4、損失 = 0 (0% の損失)、

応答パケットが戻ってこない原因には、さまざまな理由が考えられる。

・通信相手がダウンしている
・通信相手が「ping」パケットの送受信を禁止している(許可していない)
・経路途中にあるいずれかの「ルータ」がパケットを正しく中継していない
・経路途中の「ファイアウォール」もしくは「ルータ」で「ping」パケットの送受信や中継を禁止している

・エラーメッセージ③

さらに、「ping」の宛先に「ホスト名」や「FQDN名」などを使う場合、その名前の指定が間違っていると、次のようなエラーが表示される

C:¥Users¥cjcl>ping www.yahoo.co.jp
ping 要求ではホスト www.yahoo.co.jp が見つかりませんでした。ホスト名を確認してもう一度実行してください。

C:¥Users¥cjcl>

相手から応答が戻ってこない場合とは表示が異なることに注意しよう。

この「ホスト〜が見つかりませんでした。」というメッセージは、「名前解決（名前からIPアドレスを求めること）」が失敗したことを表している。

この原因は、次のようにいくつか考えられる。

- pingの引数で指定したホスト名やドメイン名が間違っている
- （ネットワーク・インターフェイスに付けた）IPアドレスなどの設定が間違っている
- DNSサーバやWINSサーバの設定が間違っている
- DNSやNBTの名前解決が何らかの原因でうまく動作していない（サーバのIPアドレス設定のミス、経路途中のルータやファイアウォールなどでブロックされているなど）

③nslookupコマンドの役割

「nslookup（エヌエスルックアップ）」コマンドは、「ドメイン名」から「IPアドレス」を調べたり、その逆に「IPアドレス」から「ドメイン名」を調べたりするときに使うコマンド。

*

「nslookup」には、（イ）「直接モード」と（ロ）「対話型モード」の、２つの動作モードがある。

（イ）直接モード

「直接モード型」の「nslookup」コマンドは、「nslookup」の後に、「直接ドメイン名」を指定する方法である。

```
>nslookup  www.cjc.ac.jp
```

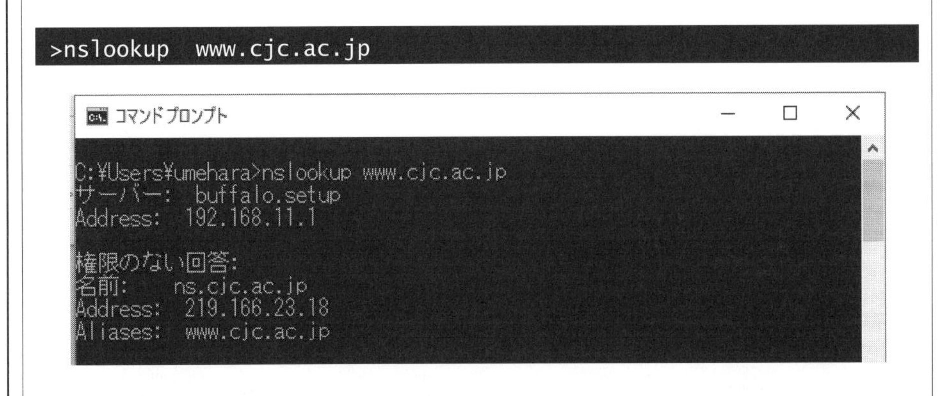

あるいは、「nslookup」の後ろに「IPアドレス」を入力する方法である。

```
>nslookup  219.166.23.18
```

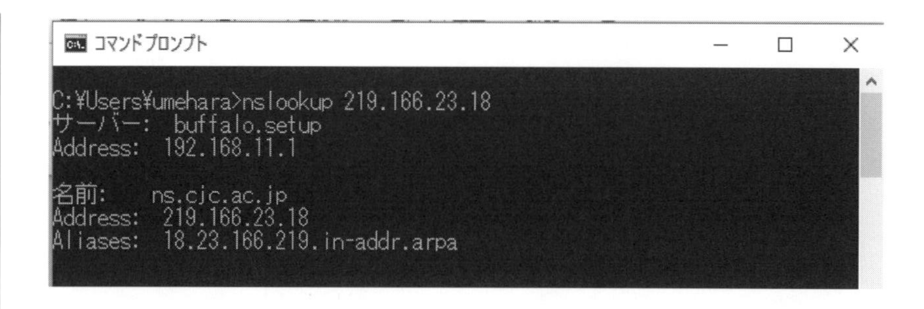

(ロ)対話型モード

「コマンドプロンプト」を起動させ、「nslookup」と打ち込み、Enter(エンター)キーを押す。

```
>nslookup
```

実行すると、問い合わせに使う「DNSサーバ」の名前と「IPアドレス」が表示され、コマンド入力待ちの「>(プロンプト)」が表示される。

これは、「nslookup」コマンドの対話形式でコマンドを実行する「対話型モード」である。

ここに調べたい「ドメイン名」や「IPアドレス」を入力する。
たとえば、**「ドメイン名」**が**「www.cjc.ac.jpc」**の**「IPアドレス」**を調べたい場合には、以下のように打ち込む。

```
>www.cjc.ac.jp
```

```
コマンドプロンプト - nslookup

C:¥Users¥umehara>nslookup
既定のサーバー:  buffalo.setup
Address:  192.168.11.1

> www.cjc.ac.jp
サーバー:  buffalo.setup
Address:  192.168.11.1

権限のない回答:
名前:    ns.cjc.ac.jp
Address:  219.166.23.18
Aliases:  www.cjc.ac.jp
```

実行すると、「ドメイン名」に対する「IPアドレス」は下から**2行目**に「Address:219.166.23.18」と表示されている。

このように「ドメイン名」から「IPアドレス」を調べる方法を「正引き」という。

「権威のない回答」とは、「問い合わせを送ったDNSサーバ」が、「指定したwww.cjc.ac.jpというドメイン」を直接管理していないため、「他のDNSサーバ」の情報を使って返答したことを示している。

一方、「IPアドレス」から「ドメイン名」を調べることもできる。
これは「**逆引き**」と呼ばれる。
逆引きを行うには,「>」が表示されている状態で以下のように打ち込む。
その前に、「対話型モード」から抜けるため、終了コマンドの「quit」を打つ。

```
>quit
```

ここで、コマンドプロンプト画面に、

```
>219.166.23.18
```

と打つ。

実行すると、「名前：ns.cjc.ac.jp」と書かれた行が表示されるので、「IPアドレス」に対応する「ドメイン名」が分かる。

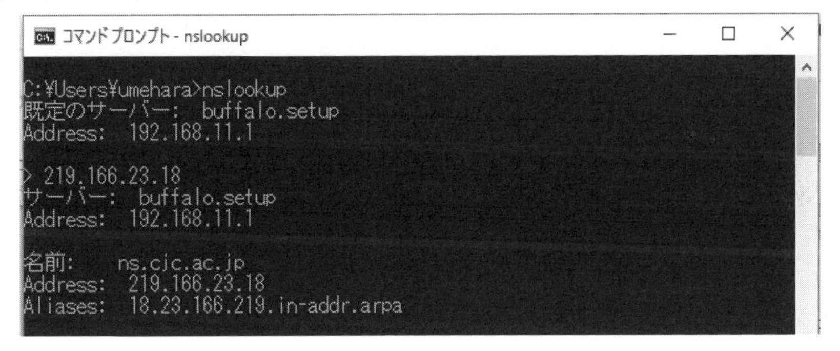

検索結果のいちばん下にある「Aliases：18.23.166.219.in-addr.arpa」は、「逆引きに使うサーバの別名」を示している。

[2] 中・上級レベルでの管理コマンド

「初級レベル」から「中級レベル」の段階でよく使う「管理コマンド」としては、「tracert」「netstat」「arp」コマンドがある。

①「tracert」コマンドの役割

「tracert」コマンドは,通信の「あて先」となるホスト(「サーバ」や「ネットワーク機器」など)までの「通信経路」を表示するコマンドである。

*

サーバに向けて、「ping」コマンドを実行しても応答がない。

ただし、サーバの管理者に問い合わせてみるとサーバ自体は正常に動いているという。

こうなると、サーバに行き着く途中で、何か問題が起こっている可能性が高い。こんな場面で役に立つのが、「tracert」コマンドである。

(イ)「応答」の仕組み

「tracert」では、「TCP/IP」プロトコルにおける「TTL」(Time To Live)を使って途中の「ルータ」の「IPアドレス」を求めている。

「TTL」とは、「IPヘッダ」中に含まれる特別なフィールドであり、IPパケットが通過可能なルータの最大数を表わしている。

「ルータ」が「IPパケット」を「ルーティング」する場合、「ルータ」を1つ通過するたびに、この「TTL値」が減らされる。

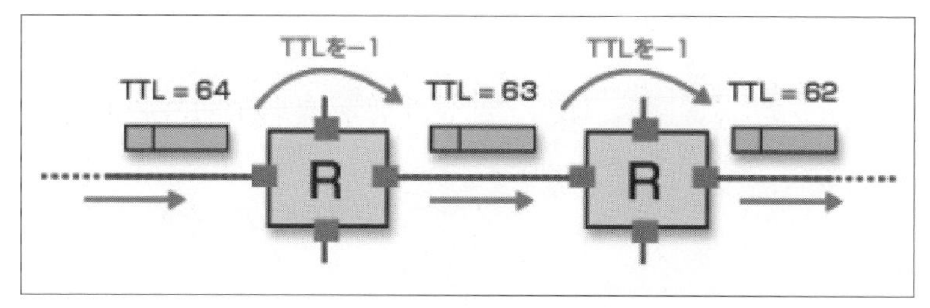

図11-2 「TTL値」の状況

もしも、TTL値が0となる場合をみてみよう。TTLが0となるとIPパケットは廃棄される。このTTLの値はデフォルトでは64とか128、255など、十分大きな値にセットされていることが多いが、tracertではわざと小さな値にしてルーティングの途中でTTLが0になるようにしている。

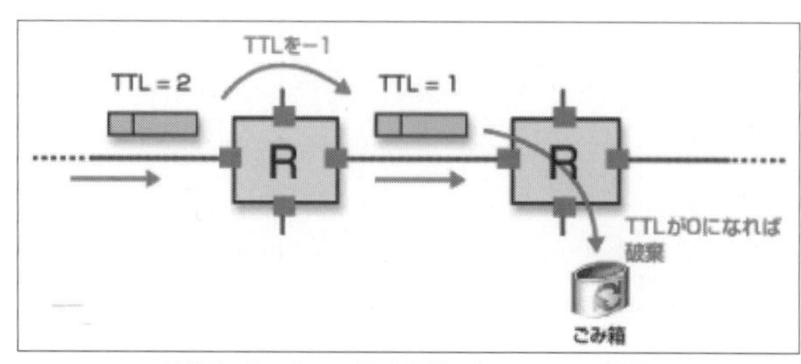

図11-3 「TTL値」が「0」になった状況

「TTL」が「0」になると「IPパケット」は廃棄されるが、同時に、その「ルータ」から「送信元のIPアドレス」に対して、「あて先不達」(Destination unreachable)という「ICMP」の「エラー・パケット」が送り返されてくる。

「tracert」では、この「ICMP」パケットを受信することによって、どこの「ルータ」で「TTL」が「0」になったか、つまり「どこまでIPパケットが届いていたか」を知ることができる。

「TTL」の値を「1」から順番に1つずつ大きくして「IPパケット」を送信することにより、目的のホストまでの経路中に存在するルータを調べることが可能になる。

「組織内のネットワーク」の場合、「通過するルータ」の数もせいぜい「数段」くらいしかないので、「tracert」の出番はあまり多くない。

しかし、「インターネット上のホスト」と通信する場合は、「経路の途中」で「トラブル」が発生し、通信ができなくなることもしばしばである。

そのような場合には、「実際に経路が途中で途絶えている」のか、それとも「単にネットワークが混雑して通信が滞っている」のか、などを見極めるために「tracert」を活用することができる。

(ロ) 実際の「tracert」コマンドの実行

ここで、「www.cjc.ac.jpp」という「ドメイン名」の「Webサイト」までの「通信経路」を調べる場合には、コマンドプロンプトで、以下のように打ち込む。

```
>tracert  www.cjc.ac.jp
```

実行すると、何行にもわたって結果が表示される。
詳しく見ていこう。

```
コマンド プロンプト

C:¥Users¥umehara>tracert www.cjc.ac.jp

ns.cjc.ac.jp [219.166.23.18] へのルートをトレースしています
経由するホップ数は最大 30 です:

  1    <1 ms    <1 ms    <1 ms  buffalo.setup [192.168.11.1]
  2     *        *        *     要求がタイムアウトしました。
  3     7 ms     7 ms     7 ms  219.111.208.185
  4     8 ms    17 ms    19 ms  219.111.208.81
  5    19 ms    17 ms    17 ms  210.173.177.89
  6    18 ms    19 ms    22 ms  ae-9.r30.tokyjp05.jp.bb.gin.ntt.net [129.250.3.80]
  7    18 ms    17 ms    17 ms  ae-2.r02.tokyjp05.jp.bb.gin.ntt.net [129.250.3.22]
  8    18 ms    19 ms    17 ms  ae-1.ocn.tokyjp05.jp.bb.gin.ntt.net [120.88.53.22]
  9    20 ms    25 ms    25 ms  153.149.218.105
 10    27 ms    34 ms    28 ms  153.149.218.10
 11    34 ms    35 ms    33 ms  125.170.96.54
 12    34 ms    34 ms    33 ms  61.207.46.94
 13    36 ms    36 ms    35 ms  118.23.52.50
 14    39 ms    38 ms    37 ms  153.153.243.26
 15    39 ms    44 ms    38 ms  219.166.23.16
 16    39 ms    38 ms    39 ms  ns.cjc.ac.jp [219.166.23.18]

トレースを完了しました。
```

左端には「1」から「16」までの番号が付いている。
これが「あて先のホスト」に到達するまで経由した「ルータ」の数である。
この数のことを「ホップ数」と呼ぶ。

1番目に表示された「ルータ」は自分にいちばん近い「ルータ」である。
このルータは「ipconfig」で確認した「デフォルト・ゲートウェイ」を指し、自分のコンピュータは「デフォルト・ゲートウェイ」に「パケット」を出していることが分かる。
「ホップ数」の右隣には「ミリ秒」(ms)単位の数値が三つ並んでいる。
これが「tracert」コマンドを実行したコンピュータから途中途中のルータにパケットを送り,応答が戻ってくるまでに要した「往復時間」だ。
3回測定している。
この値をチェックすれば途中経路のどこが混んでいるか分かる。

2行目で、応答が「*」となり「要求がタイムアウトになりました」との表示が出る。
応答は「4秒以内」に応答がないと「*」を表示し、次のルータに進んでしまう。
もし、2行以降の応答すべてが「*」の場合は、「2ホップ目」でなんらかの「回線障害」が発生していると判断できる。

そして各行の最後には、「経由したルータ」の「ドメイン名」と「IPアドレス」が表示される。
ただし最後の行(16目の行)は「ルータ」ではなく、「あて先」の「ホスト」の「ドメイン名」と「IPアドレス」になる。

この役割から、「遠隔地のサーバ」への「接続故障」が発生した場合、まず対象サーバに「ping」を打つ。
その結果、「パケット」が到達できなかった場合は、次に、「tracert」を使って、どこから通信が途切れているかを確認する。

ただし、最近は「不正アクセス対策」として「ICMP機能」を「無効」にしている場合がよくある。この場合、「エコー要求」を出しても「応答」は返ってこない。
「応答」は「*」となる。
そうした機器が途中であっても、「tracert」は処理を続けるため、最終的には、「通信相手までの経路」がわかる。

②「netstat」コマンドの役割

「netstat」は、コンピュータの通信状況を一覧表示するコマンドである。「netstat」の最も基本的な使い方は、通信中の「TCPコネクション」の状態を表示させることである。このコマンドを実行すると、「ローカル・マシン」の「TCP/IPプロトコル・スタック」上において、現在アクティブになっているTCP通信(コネクション)の状態を表示できる。

(イ)実際の「netstat」コマンドの実行

実際にnetstatコマンドを実行してみよう。

```
>netstat
```

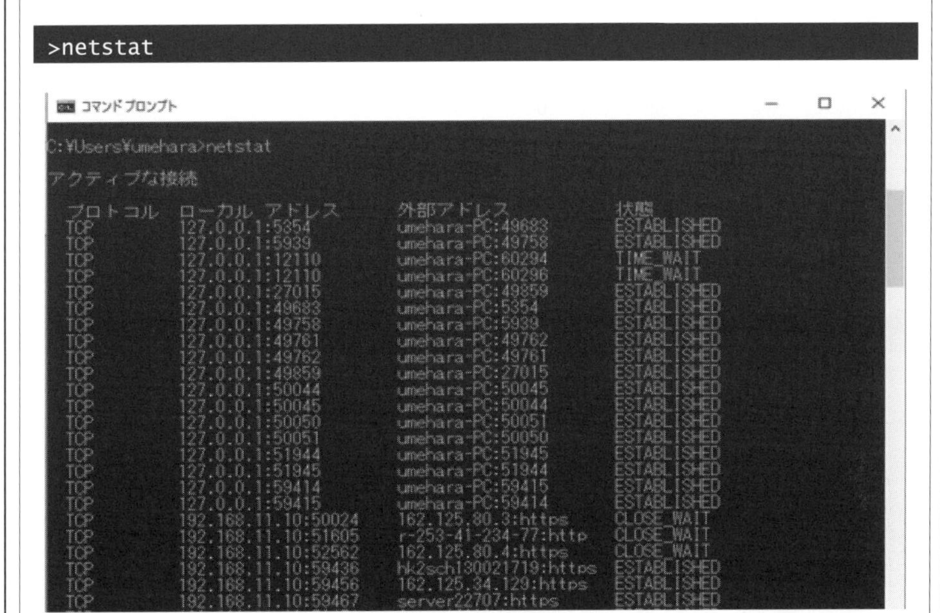

「プロトコル」(英語表記では「Proto」)は使用中の「ネットワーク・プロトコル」の種類であり、通信の規約である。

「ローカル アドレス」または「Local Address」は、「ローカル側のコンピュータ名」(またはIPアドレス)と使用中の「TCPのポート番号」である。

「外部アドレス」または「Foreign Address」は、通信の相手となっているマシンの「コンピュータ名」、または「IPアドレス」と「ポート番号」である。

1つの「マシン」には複数の「IPアドレス」を付けることができるし、ローカルの「ループ・バック・アドレス」(「IPv4」なら「127.0.0.1」、「IPv6」なら[::1]など)が使われていることもあるので、「ローカル アドレス」に表示される「IPアドレス」は固定的ではない。

また同じマシン同士でもコネクションを確立できるので、「外部アドレス」が自分の「IPアドレス」の場合もある。

外部アドレスの「:」記号の左側に表示されているのが「IPアドレス」(または「コンピュータ名」)で、右側に表示されているのがポート(「サービス名」もしくは「番号」)である。

「状態」または「State」は、その名の通り「TCPコネクション」の「状態」を表し、全部で「11」の状態が定義されている。

たとえば、「サーバ」と接続できていれば「ESTABLISHED」となり、待ち受け状態を示す「LISTENING」、タイムアウト待ちの「TIMED_WAIT」、などが表示される。

(ロ)オプションの検討

netstatコマンドにはさまざまなオプションがある。

・aオプション

「netstat」に「-a」オプションを付けて実行すると、「接続が確立しているポート」と「待ち受けしているポート」の両方が表示される。

```
>netsate  -a
```

```
コマンド プロンプト

C:¥Users¥umehara>netstat -a

アクティブな接続

  プロトコル  ローカル アドレス        外部アドレス           状態
  TCP         0.0.0.0:80             umehara-PC:0           LISTENING
  TCP         0.0.0.0:135            umehara-PC:0           LISTENING
  TCP         0.0.0.0:445            umehara-PC:0           LISTENING
  TCP         0.0.0.0:1301           umehara-PC:0           LISTENING
  TCP         0.0.0.0:2103           umehara-PC:0           LISTENING
  TCP         0.0.0.0:2105           umehara-PC:0           LISTENING
  TCP         0.0.0.0:2107           umehara-PC:0           LISTENING
  TCP         0.0.0.0:5357           umehara-PC:0           LISTENING
  TCP         0.0.0.0:17500          umehara-PC:0           LISTENING
  TCP         0.0.0.0:49664          umehara-PC:0           LISTENING
  TCP         0.0.0.0:49665          umehara-PC:0           LISTENING
  TCP         0.0.0.0:49666          umehara-PC:0           LISTENING
  TCP         0.0.0.0:49667          umehara-PC:0           LISTENING
  TCP         0.0.0.0:49668          umehara-PC:0           LISTENING
  TCP         0.0.0.0:49688          umehara-PC:0           LISTENING
  TCP         0.0.0.0:49710          umehara-PC:0           LISTENING
  TCP         0.0.0.0:49738          umehara-PC:0           LISTENING
  TCP         127.0.0.1:843          umehara-PC:0           LISTENING
  TCP         127.0.0.1:5354         umehara-PC:0           LISTENING
  TCP         127.0.0.1:5354         umehara-PC:49693       ESTABLISHED
  TCP         127.0.0.1:5939         umehara-PC:0           LISTENING
  TCP         127.0.0.1:5939         umehara-PC:49737       ESTABLISHED
```

・anオプション

「netstat」に「-an」オプションを付け実行すると、「TCP」に加えて「UDP」などの「すべての情報」も表示できる。

画面の一部を表示しているが、「UDP」は「コネクションンレス」なので「LISTENING」はない。

```
>netstat  -an
```

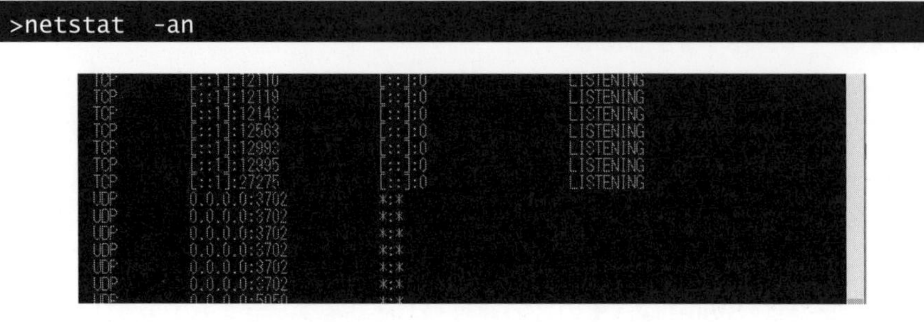

・rオプション

興味あるのは、オプションに「-r」を付けて実行することである。

```
>netstat -r
```

・eオプション

「netstat」に「-e」オプションを付け実行すると、「イーサネットの統計情報」が得られる。

```
>netsat  -e
```

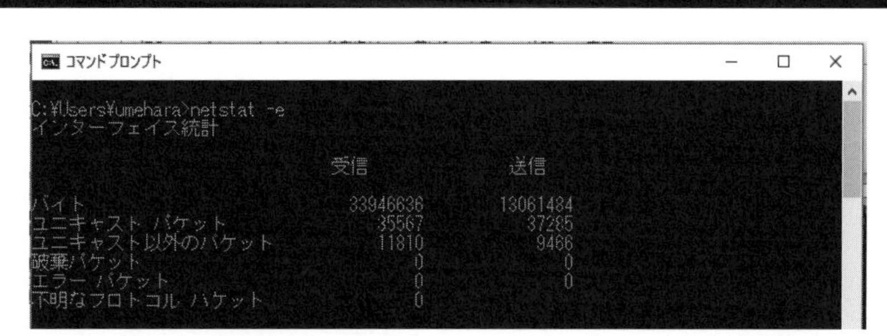

このように、オプションを付けることで様々な情報が得られるので、「netstat」は管理者にとって有力な「管理コマンド」となっている。

netstatには様々なオプションがあるので、オプションの一覧を調べてみよう。

```
>netstat　-?
```

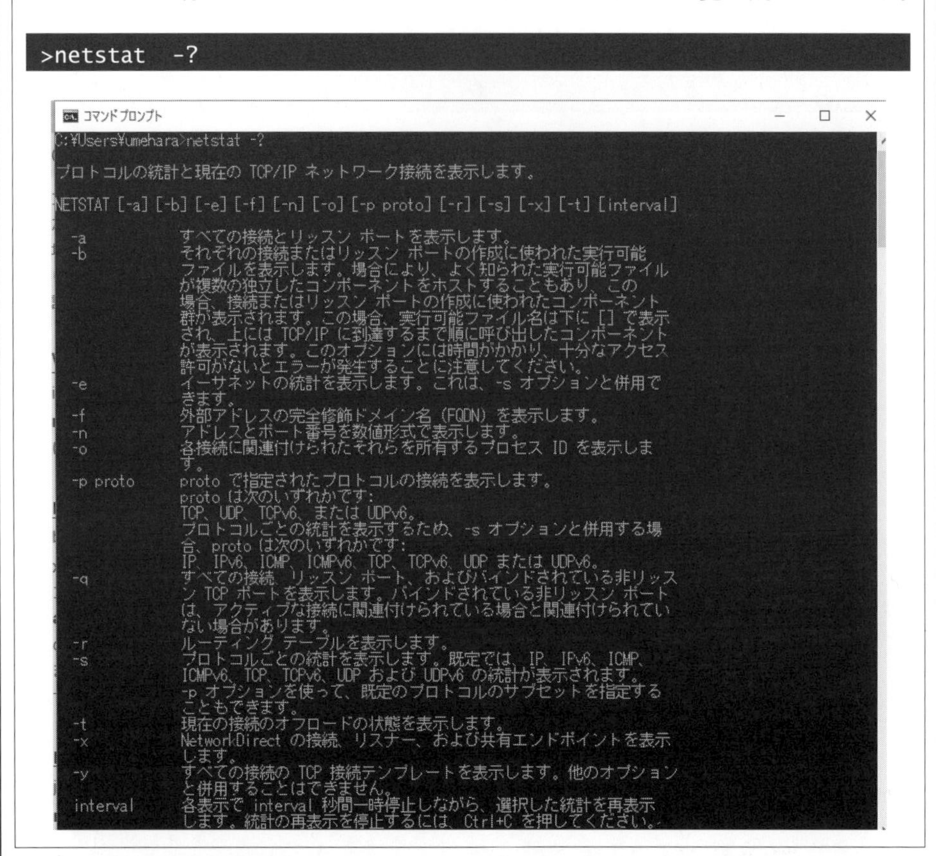

③「arp」コマンドの役割

「arp」は「アドレス解決プロトコル」であり、「第3層」のインターネット層の「IPアドレス」と第4層の「ネットワーク・インターフェイス層」の「MACアドレス」を「マッピング」するためのプロトコルである。

「arp」によって取得した「IPアドレス」と「MACアドレス」の対応情報は「ARPキャッシュ」に格納され、同一の「ホスト」に対するアクセスが発生した場合に利用される。

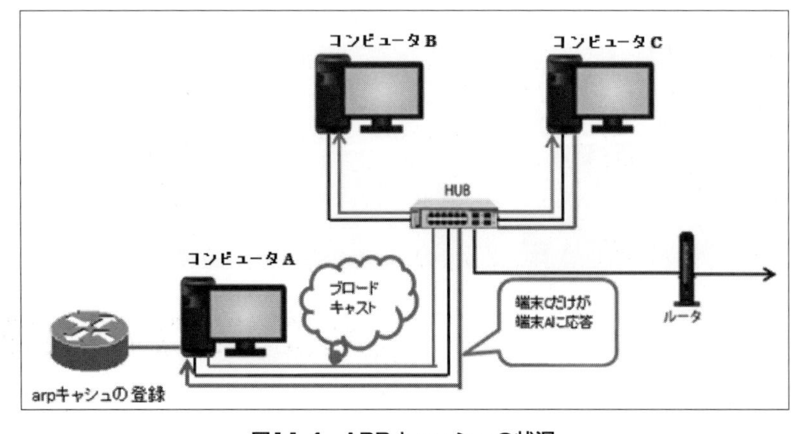

図11-4　ARPキャッシュの状況

「arp」のオプションの「-a」を付けて実行すると、「ARPキャッシュ」が表示される。

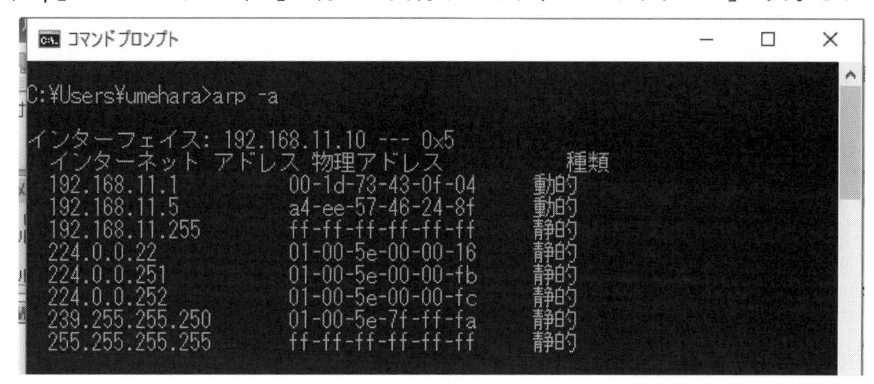

表示の単位はインターフェイスごとで行なわれる。

その内容は、「相手ホストのインターフェイスのIPアドレス」「マッピングされたMACアドレス」「種類」である。

> 「種類」には「動的」と「静的」がある。
> 「動的」とは、「相手ホスト」と通信を開始することで、自動的に追加されるものである。
> 「静的」とは、「ユーザー」によって「手動」で追加されるものである。

この「arp」を使ったトラブル解決で一般的なのは、「IPアドレス」が重複したホストの発見にある。

図11-4の「コンピュータC」の「MACアドレス」を記録していれば、「IPアドレス」が重複したホストに「ping」を実行し、「arpキャッシュ」を確認するだけで、「重複コンピュータ」を「特定」できる。

ここでarpのオプションをみてみよう。

11-4 パケット・キャプチャ

「パケット・キャプチャ」は、ネットワークを流れる「パケット」を収集して解析する重要なツールである。

「タスクマネージャー」や「管理コマンド」はトラブル探求には有力であるが、「パケット」を収集し詳細に解析まではできないからである。

ネットワークを流れる「パケット」を識別しやすいように加工して表示してくれる「Wireshark」(旧名は「Easereal」)を紹介しよう。

---

[1] Wiresharkのインストール後の初期画面

Wiresharkをインストールした後、表示される初期画面を表示する。

※Wiresharkのインストールの仕方は**補論3**で説明する。

[2] Wiresharkの使い方

初期画面のメニューの「キャプチャ」をクリック後、「オプション」をクリックする。

[3] デスクトップ画面にある「Wireshark」のアイコンをダブルクリック後、画面の「ローカルエリア接続」を選択

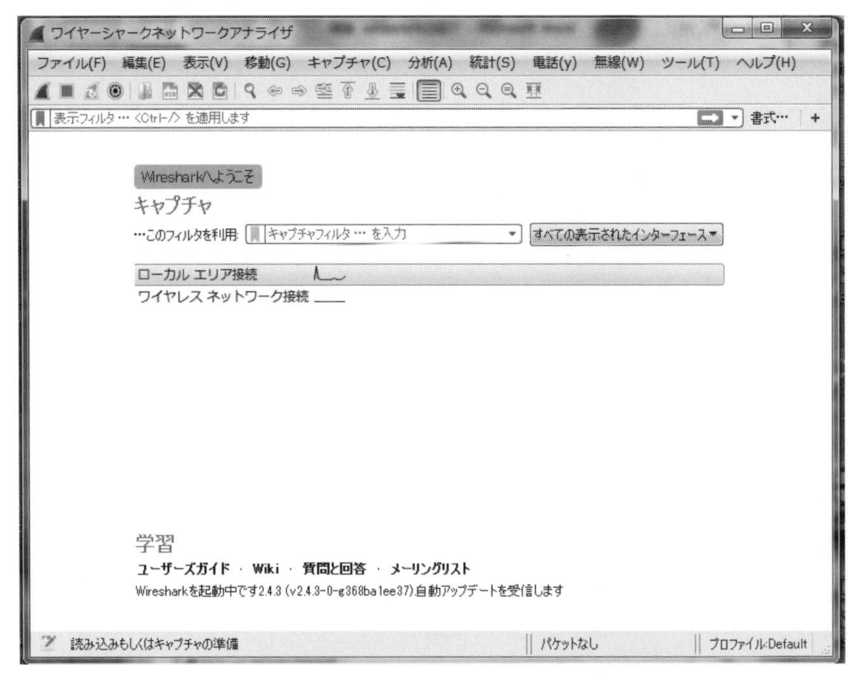

[4]メニューの「キャプチャ」をクリック後、「オプション」をクリック

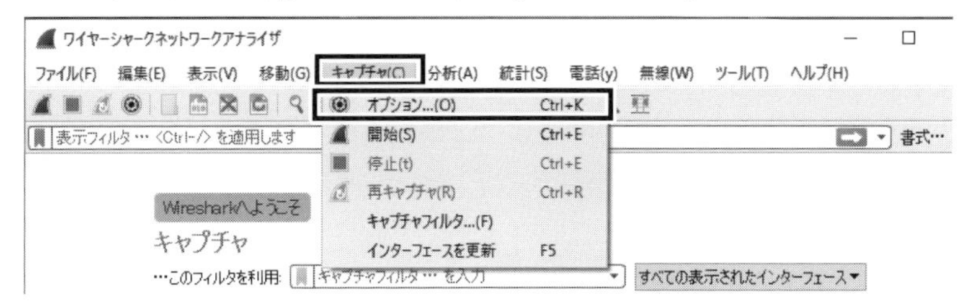

[5]「開始」をクリック後、同時に「コンピュータB」から「コンピュータA」に「ping」を飛ばす

```
>ping  192.168.11.10
```

画面は次のようになる。

ローカル エリア接続 からキャプチャ中

ファイル(F)　編集(E)　表示(V)　移動(G)　キャプチャ(C)　分析(A)　統計(S)　電話(y)　無線(W)　ツール(T)　ヘルプ(H)

表示フィルタ … <Ctrl-/> を適用します　書式…

No.	Time	Source	Destination	Protocol	Length	Info
1	0.000000	fe80::f503:d6e3:d60…	ff02::c	SSDP	208	M-SEARCH * HTTP/1.1
2	1.468637	fe80::1cbf:a49f:e2e…	ff02::1:2	DHCPv6	150	Solicit XID: 0x780b98 CID: 00010001178519d
3	1.919876	162.125.34.129	192.168.11.6	TLSv1.2	311	Application Data
4	1.920005	192.168.11.6	162.125.34.129	TCP	54	49190 → 443 [ACK] Seq=1 Ack=258 Win=16495
5	1.923593	192.168.11.6	162.125.34.129	TLSv1.2	744	Application Data
6	2.089153	162.125.34.129	192.168.11.6	TCP	60	443 → 49190 [ACK] Seq=258 Ack=691 Win=159
7	2.999845	fe80::f503:d6e3:d60…	ff02::c	SSDP	208	M-SEARCH * HTTP/1.1
8	6.434714	192.168.11.10	192.168.11.6	ICMP	74	Echo (ping) request id=0x0001, seq=90/230
9	6.434980	CompalIn_48:c6:6a	Broadcast	ARP	42	Who has 192.168.11.10? Tell 192.168.11.6
10	6.435307	CompalIn_f0:4f:ca	CompalIn_48:c6:6a	ARP	60	192.168.11.10 is at b8:70:f4:f0:4f:ca
11	6.435341	192.168.11.6	192.168.11.10	ICMP	74	Echo (ping) reply id=0x0001, seq=90/230
12	7.000404	fe80::f503:d6e3:d60…	ff02::c	SSDP	208	M-SEARCH * HTTP/1.1
13	7.442094	192.168.11.10	192.168.11.6	ICMP	74	Echo (ping) request id=0x0001, seq=91/232
14	7.442330	192.168.11.6	192.168.11.10	ICMP	74	Echo (ping) reply id=0x0001, seq=91/232
15	7.849731	192.168.11.10	192.168.11.255	BROWSER	243	Host Announcement UMEHARA-PC, Workstation,

```
▷ Frame 8: 74 bytes on wire (592 bits), 74 bytes captured (592 bits) on interface 0
▷ Ethernet II, Src: CompalIn_f0:4f:ca (b8:70:f4:f0:4f:ca), Dst: CompalIn_48:c6:6a (b8:88:e3:48:c6:6a)
▷ Internet Protocol Version 4, Src: 192.168.11.10, Dst: 192.168.11.6
▷ Internet Control Message Protocol

0000  b8 88 e3 48 c6 6a b8 70  f4 f0 4f ca 08 00 45 00   ...H.j.p ..O...E.
0010  00 3c 73 68 00 00 80 01  2f f8 c0 a8 0b 0a c0 a8   .<sh.... /.......
0020  0b 06 08 00 4d 01 00 01  00 5a 61 62 63 64 65 66   ....M... .Zabcdef
0030  67 68 69 6a 6b 6c 6d 6e  6f 70 71 72 73 74 75 76   ghijklmn opqrstuv
0040  77 61 62 63 64 65 66 67  68 69                     wabcdefg hi
```

ローカル エリア接続: <live capture in progress>　パケット数: 3894・表示: 3894 (100.0%)　プロファイル:Default

《プログラム解説》

8行目以下を見てみよう。

「ping」が「コンピュータB」から(192.168.11.6から)、「コンピュータA」へ(192.168.11.10へ)、「リクエスト」された。

・9行目

「ARP」(Address Resolution Protocol)の「request」メッセージが「コンピュータA」にブロードキャストされている。

「Info欄」の「Who命令」で示されているように、「192.168.11.6」(コンピュータB)が「192.168.11.10」(コンピュータA)の「MACアドレス」を問い合わせている。

・10行目

「192.168.11.10」の「MACアドレス」は「b8:70:f4:f0:4f:ca」であるという「ARP」の「reply」メッセージが返ってきているのを伝えている。

これで、「192.168.11.10」の「IPアドレス」の宛先に「パケット」を送信するための「MACアドレス」が解決できた。

---

*

このように「Wireshark」を使うと、「パケット」の送受信の動きを明確に把握できる。

したがって、もし「不正アクセス」が生じれば、このパケットの送受信におかしな情報が発生するので、不正アクセスの状況を判断できる。

11-5 セキュリティの具体的対策

いままでの不正アクセスのトラブル対策はトラブルの発生場所や原因を特定することであった。

しかし、トラブルが発生してから対策をしても大きな被害を受けることになりかねない。

したがって、トラブル対策の本来の目的は、トラブルが発生しないような安全な仕組、すなわちセキュリティシステムを作ることである。

その際、「一般ユーザーのセキュリティ対策」と「管理者へのネットワークセキュリティ対策」は区別しなければならない。

本書の対象は「一般ユーザー」のネットワーク知識向上を目的にしているので、「一般ユーザー」ができるセキュリティ対策を見ておこう。

「管理者」へのネットワークセキュリティ対策については、簡単に説明する。

---

[1]一般ユーザーができるセキュリティ対策

一般ユーザーができるセキュリティ対策にはどのようなものがあるのだろうか。見てみよう。

---

①Windowsに備えてあるWindowsファイアウォールの設定
②市販のファイアウォールをインストール
③アップデートをこまめに行なう
④ファイル共有の管理を厳しく行なう
⑤感染した恐れのあるUSBは使わない
⑥怪しげなメールは開かない
⑦パスワード管理をしっかり行なう

このうち、案外知られていないのが「Windows OS」の標準セキュリティとして備わっている「Windows Firewall」である。この有効性について見てみよう。

・Windows Firewallを開く

最初に、「Windows Firewall」を開いてみよう。

「スタートボタンの右クリック」→「設定」→「ネットワークとインターネット」→「Windowsファイアウォール」

「画面」は次のように表示される。

画面を見ると、市販の「ファイアウォール・ソフト」に比べわかりにくい。

この画面の項目を理解するには、かなりのセキュリティレベルの知識が求められる(このため、Windowsファイアウォールの有効性は検討しないで、初心者は市販「ファイアウォール・ソフト」を購入する)。

ここで、ファイアウォールによる許可されたアプリの一覧をみるため、画面下の「ファイアウォールによるアプリケーションの許可」をクリックして見てみよう。

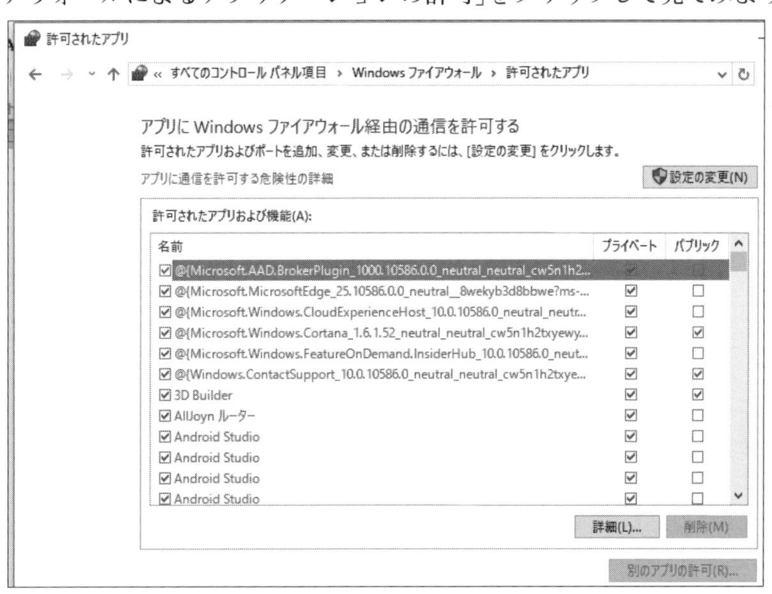

「管理ツール」画面から、個別プログラムにおける通信の可否を設定することは可能であるし、アプリの追加も可能である。

しかし。使いにくい。

デフォルト設定のままでは、Windowsの標準機能である「Windows Firewall」は、「必要最低限の機能を備えたファイアウォール」にすぎない。

[2]「ネットワーク管理者」対応のセキュリティ対策

「ネットワーク管理者」対応のセキュリティ対策を簡単に見ていく。

---

①「プロキシ・サーバ」の導入
②ルータの導入
③DMZの導入
④NASの導入
⑤VPNの導入

順次見ていこう。

①「プロキシ・サーバ」の導入

「プロキシ・サーバ」は、内部ネットワーク(企業のイントラネットなど)と外部ネットワーク(インターネット)を接続する際に、内外を仲介する役割を担う代理のコンピュータ、またその機能を実行するソフトウェアである。

Webサーバとのインターネットの直接接続は危険なので、仮のWebサーバを作り、まずここでインターネットからの受信を行い、不正アクセスなどを阻止する役割をもっている。

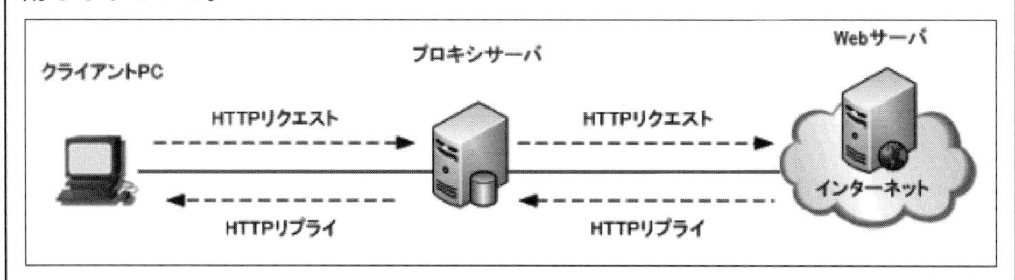

図11-5 プロキシサーバの導入図

「プロキシ・サーバ」はアプリケーション層における不正アクセスを阻止することになる。

②「ルータ」の導入

「ルータ」の役割は、すでに説明してきたように複数台のコンピュータをインターネットにつなげることであった。

しかし、それだけではない。ルータには「ファイアウォール」「パケットフィルタリング」などの機能があり、不正アクセスを阻止する強力なセキュリティの役割を持っている。

③「DMZ」の導入

「DMZ」とは、「DeMilitarized Zone」の略で、直訳すると「非武装地帯」で、インターネットなどの外部ネットワークと社内ネットワークの中間につくられるネットワーク上の セグメント(区域)のこと。

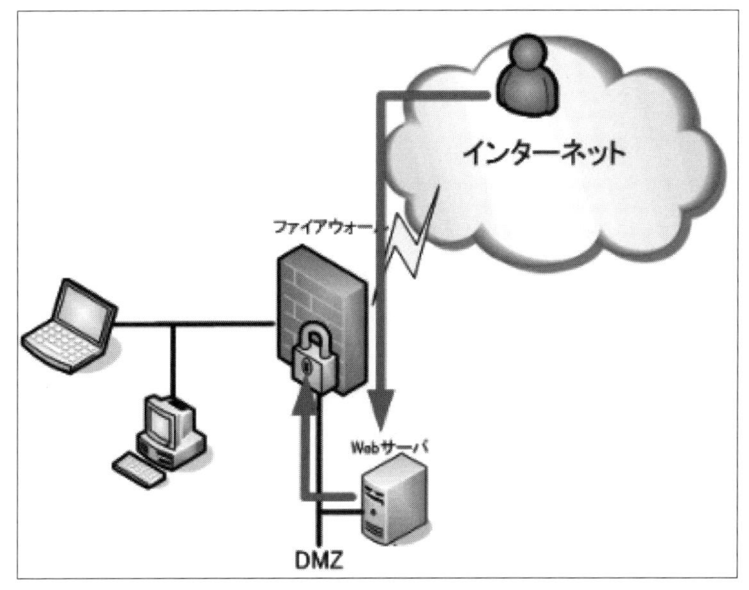

図11-6 「DMZ」の導入図

もし、「WEBサーバ」が乗っ取られてしまった場合、「同セグメント」である社内ネットワークの各種ホストに対しても攻撃されてしまう可能性がある。

これを阻止するには、外部と内部のネットワークを切り分けることで、ファイアウォールによって不正なアクセスから守ることができ、万が一公開サーバに何らかの攻撃が加えられても内部サーバは守ることができる。

④NASの導入

NASについては第8章を参照。

⑤VPNの導入

「VPN」(Virtual Private Network)とは、仮想的なプライベートネットワーク接続のことである。

VPNによりインターネットなどの公衆網を利用する場合でも、「IPsec」などの高度なセキュリティを実装させられるので、安全に企業の拠点間通信を実現できる。

図11-7 VPNの導入図

VPN接続は、企業のWAN接続における新たな選択肢の1つとなっている。

企業のWAN接続においては、「広域イーサネット」「IP-VPN」「ATM」「FR」「ISDN接続」「専用線」がある。

インターネット回線を利用し、「インターネットVPN」を「WAN回線」として使うことで、WAN接続におけるコストを大幅削減することが可能になる。

「インターネット」(公衆回線)を介して通信する「VPN接続」の場合、「送信」するときにデータを「暗号化」してインターネット上に流し、「受信」する側は、受け取ったデータを「復号化」して確認するというものである。

こうすると、送信したデータをインターネット上で第三者が盗み見できたとしても、判読ができないので、セキュリティ面で安全な対策である。

これらは、「ネットワークの仕組み」を「機能別」に「階層化」したものであり、それぞれの階層のもとに、決められた「通信ルール」(プロトコル)やネットワーク機器が設置されている。

MEMO

補論

便利な「ネットワーク管理ソフト」

今まで、「Windows」に組み込まれた「管理コマンド」を見てきたが、ここでは「ネットワーク」の管理や分析に便利なソフトを紹介しておこう。

ここでは、「MACアドレス」を使った「自動起動ソフト」の「MagicSend」、グループ全体のコンピュータの「IPアドレス」と「MACアドレス」を表示する「NetEnum」、ネットワーク上を流れる「パケット」を「解析」して「表示」する「Wireshark」の3つを紹介する。

補論1　自動起動ソフトMagicSend

LAN内から、コンピュータを自動起動させたい場合がよくある。
自動起動ソフトの「MagicSend」を見てみよう。

[1] ダウンロード

MagicSendをダウンロードしよう。

①「yahoo」を開き、「検索」画面に「MagicSend」と入力

②画面の「MagicSendの詳細情報：Vectorソフトを探す！」をクリック

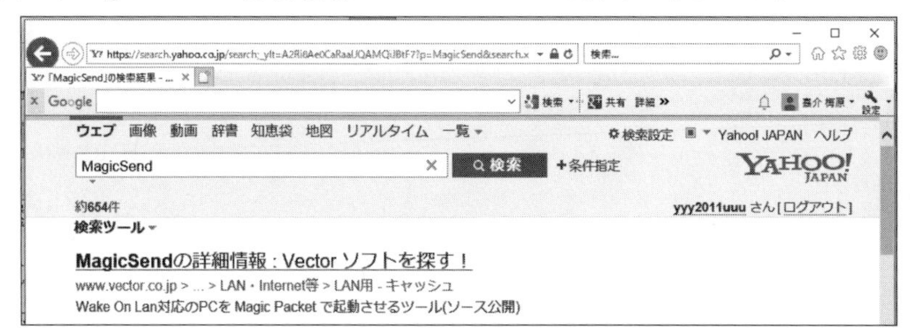

③画面の「ダウンロードはこちら」をクリック

④画面の「ダウンロードページへ」をクリック

⑤画面の「このソフトを今すぐダウンロード」をクリック

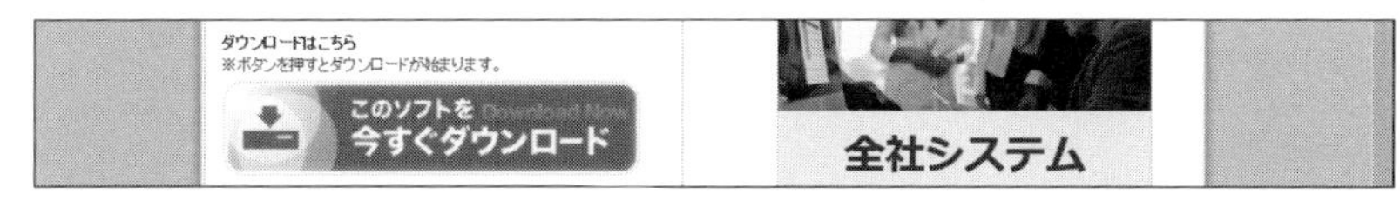

⑥保存をクリック後、「名前を付けて保存」をクリック

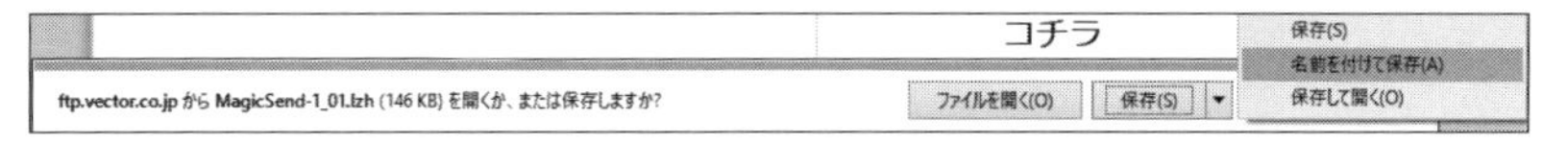

⑦保存先を「デスクトップ」、ファイル名を「MagicSend-1_01.1.th」と入力後、「保存」ボタンをクリック

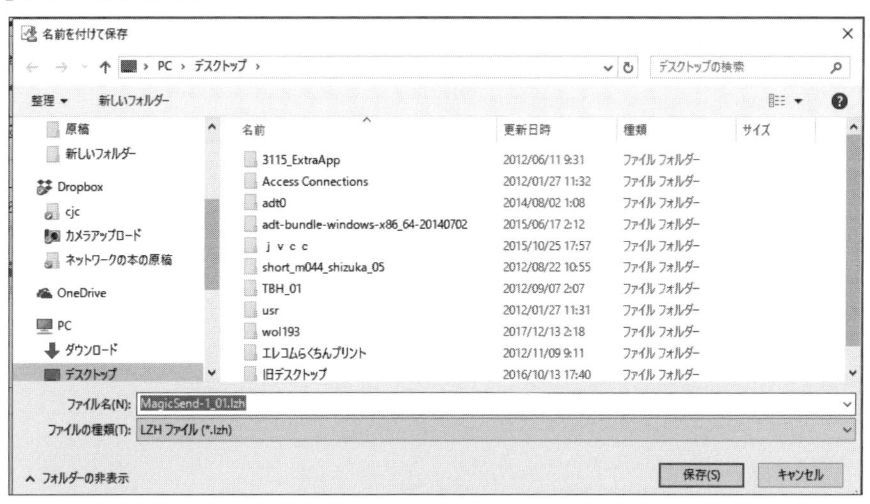

⑧「MagicSend-1_01.1.th」のダウンロード完了

MagicSend-1_01.lzh のダウンロードが完了しました。　ファイルを開く(O)　フォルダーを開く(P)　ダウンロードの表示(V)

[2] ファイルを開く

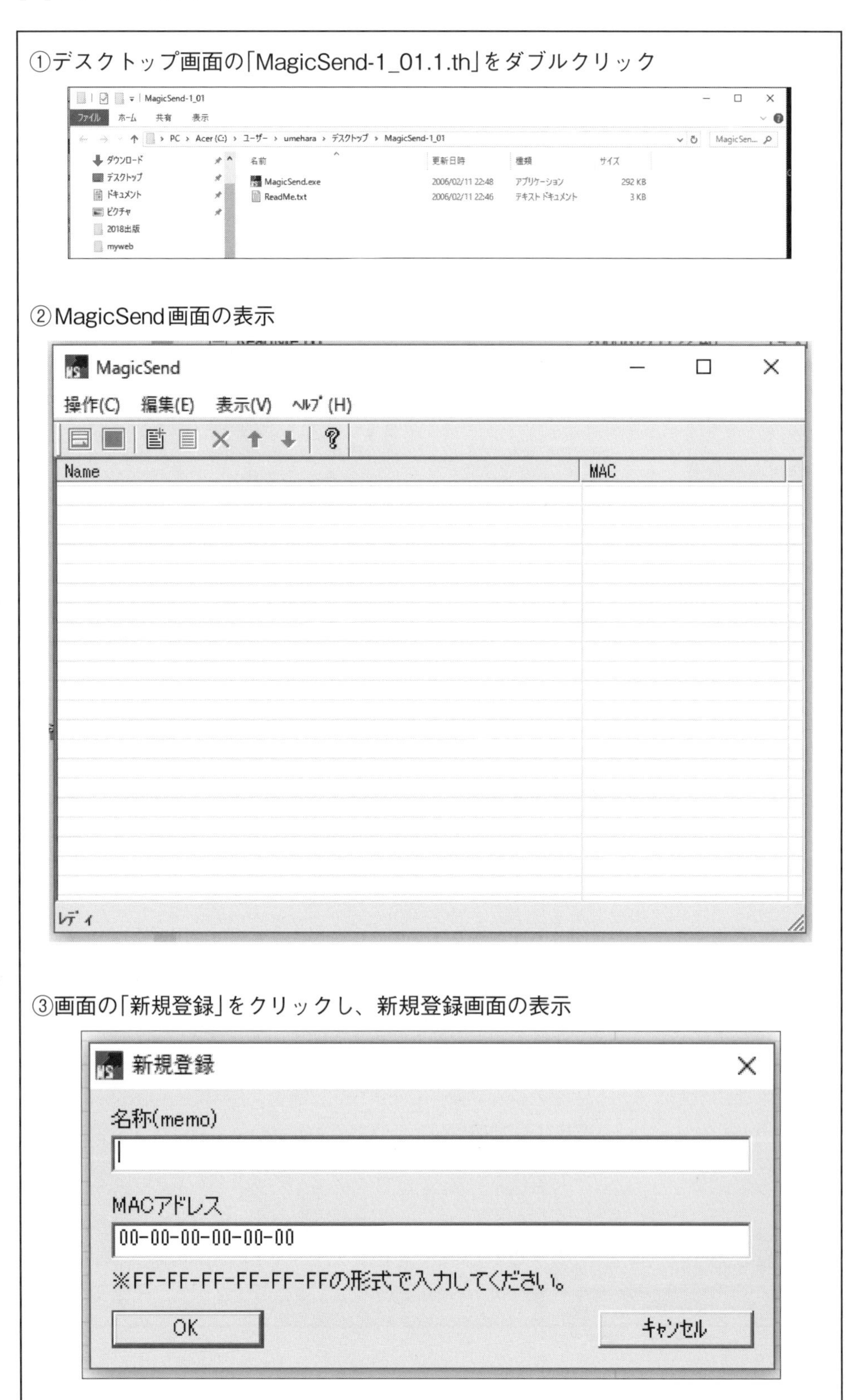

①デスクトップ画面の「MagicSend-1_01.1.th」をダブルクリック

②MagicSend画面の表示

③画面の「新規登録」をクリックし、新規登録画面の表示

④「画面の名称」と「起動させたい相手コンピュータのMACアドレス」を次のように打つ

```
名称：ume
Macアドレス：44-8A-5B-12-5C-CE
```

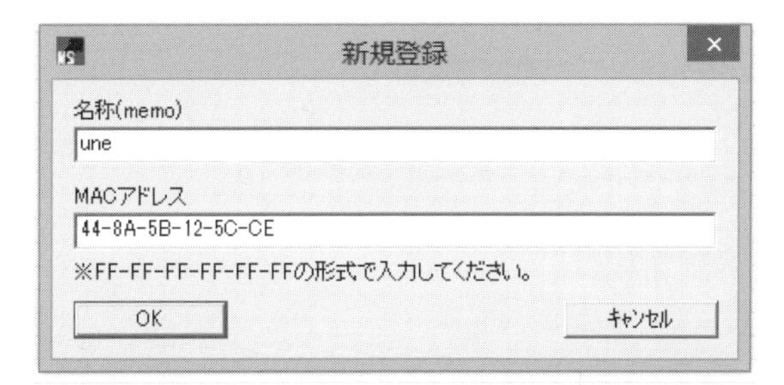

入力後、「OK」ボタンを押す。

⑤次の画面が表示

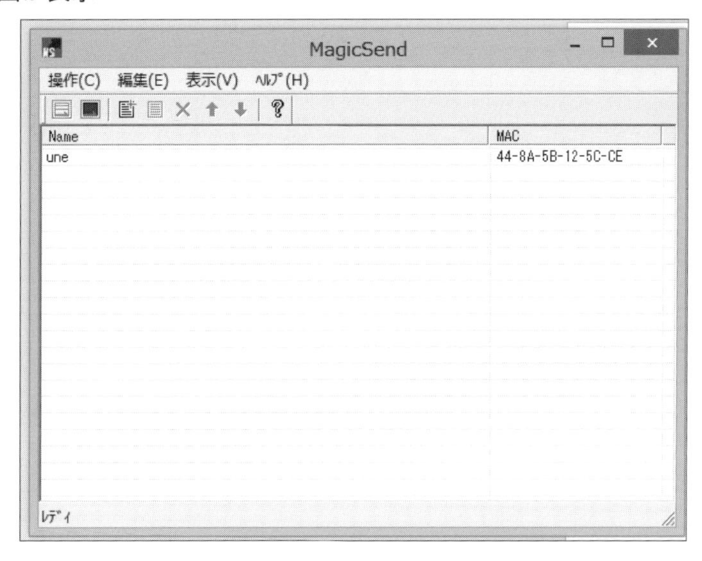

⑥umeをクリック後、操作ボタンをクリック

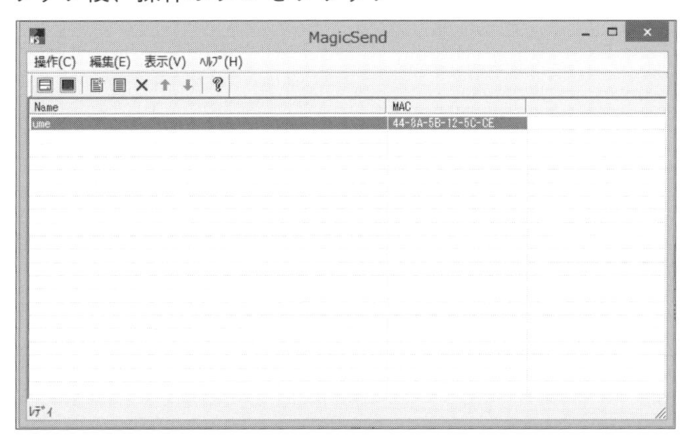

⑦画面の表示から、「選択した項目を送信」をクリック

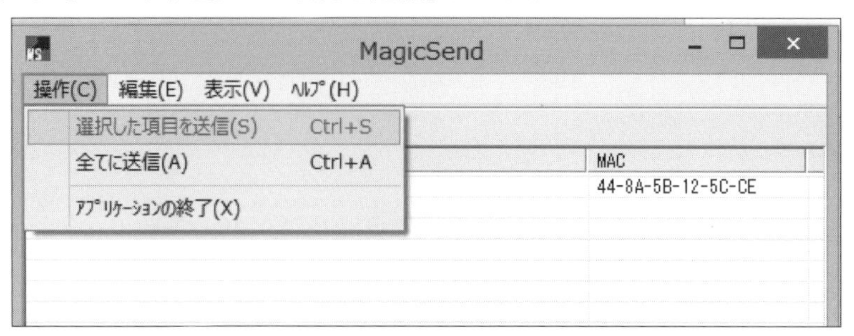

送信完了画面が表示される。

送信ﾀﾞｲｱﾛｸﾞ

Name	MAC	Status
ume	44-8A-5B-12-5C-CE	送信完了

閉じる

指定したコンピュータが起動する。

補論2　MACアドレスとIPアドレスの導出ソフトNetEnum

「補論①」を処理するには、「MACアドレス」の情報が必要不可欠である。

コンピュータを一つずつ起動させ、「MACアドレス」を調べるのでは非効率である。これをネット上から一挙に調べるソフトが「NetEnum」である。

[1]ダウンロード

④デスクトップ画面を選び、保存をクリック

ダウンロードが完了。

[2]インストール

①画面の「実行」をクリック

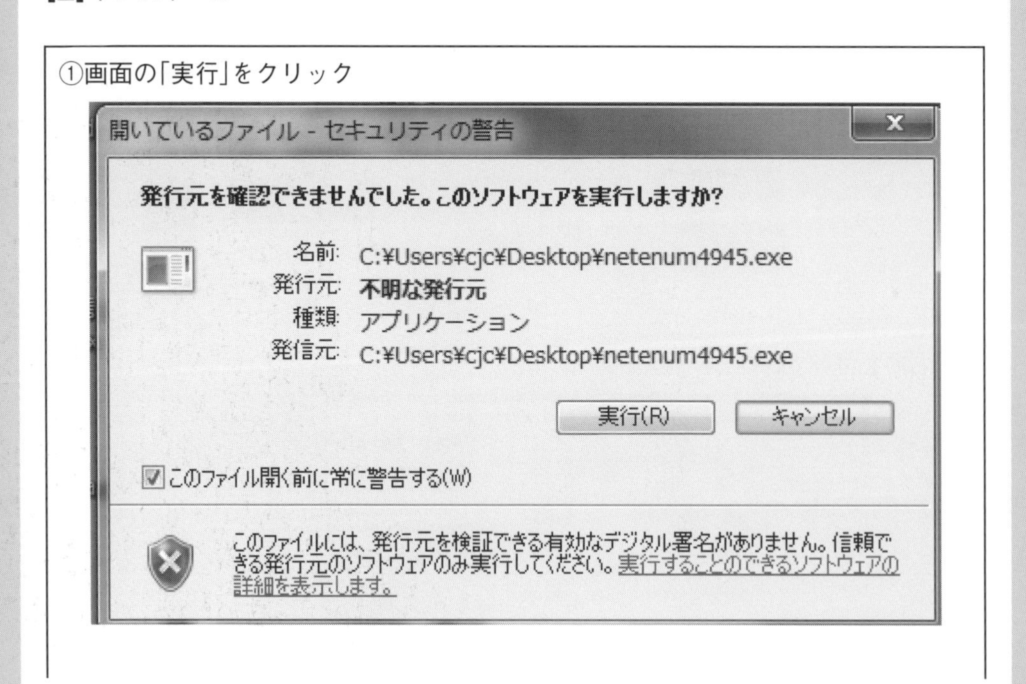

②「NetEnum4」のセットアップ画面が開くので、「次へ」をクリック

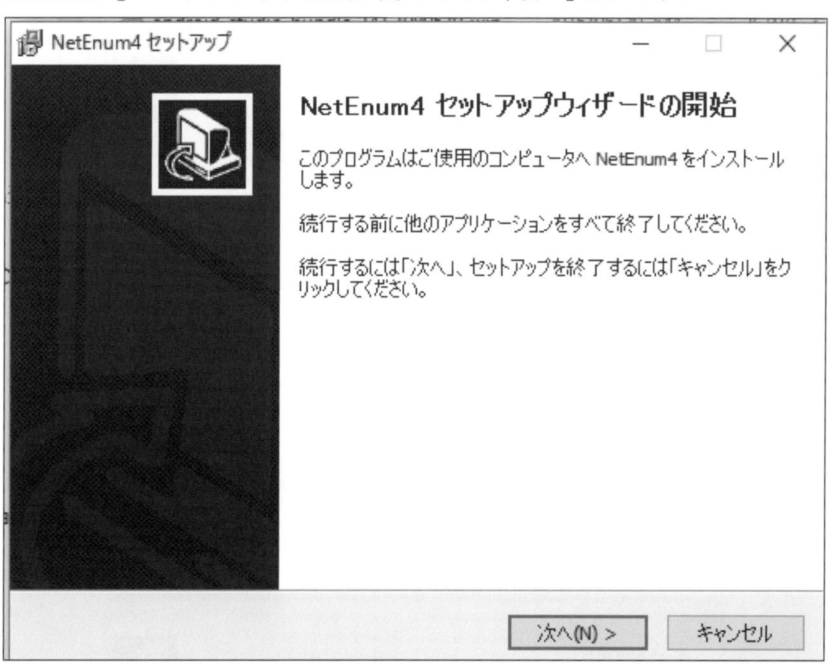

③「次へ」をクリック

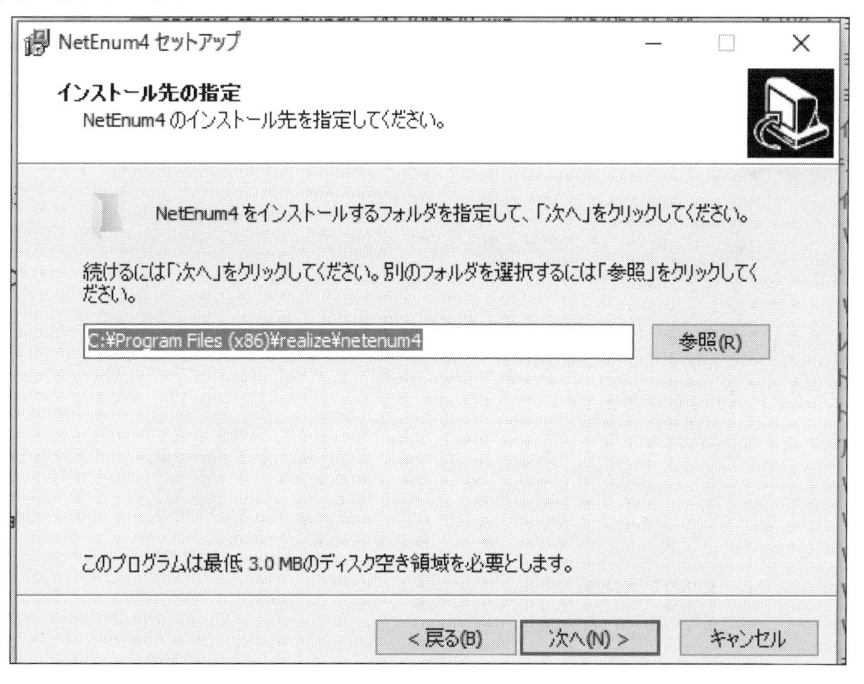

④「次へ」をクリック

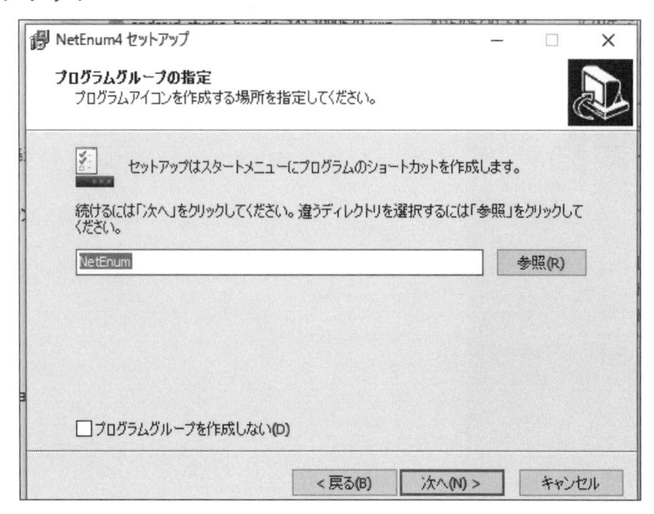

⑤「次へ」をクリック

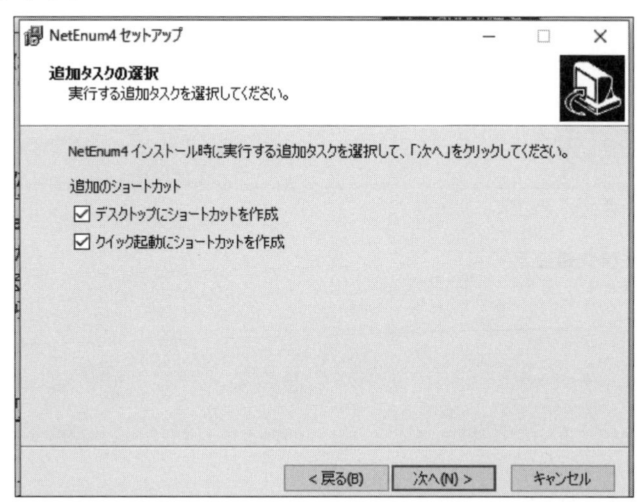

⑥「インストール」をクリック

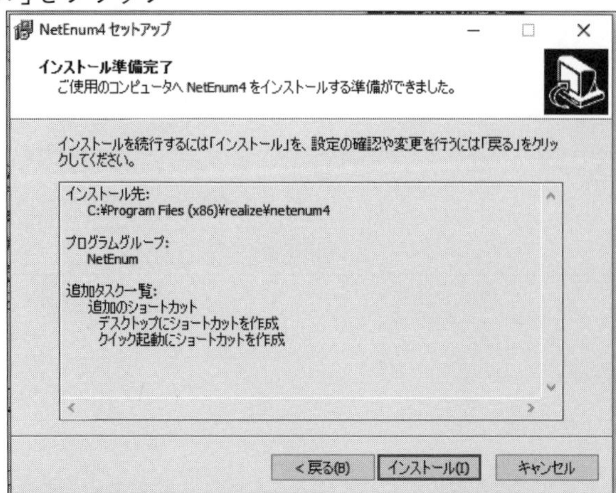

⑦「完了」をクリック

⑧「OK」を押す

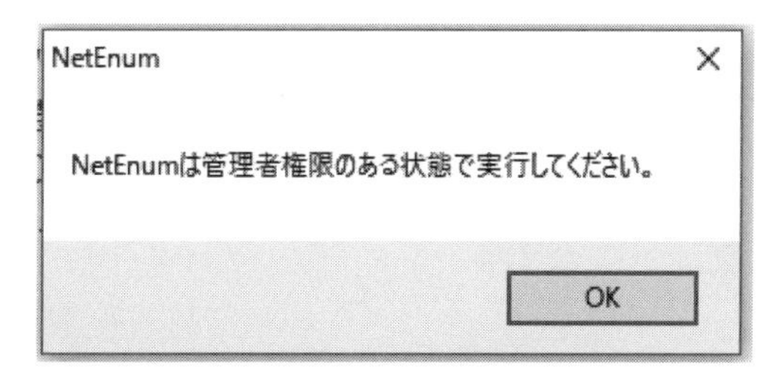

⑨画面の「管理者としての実行」をクリック

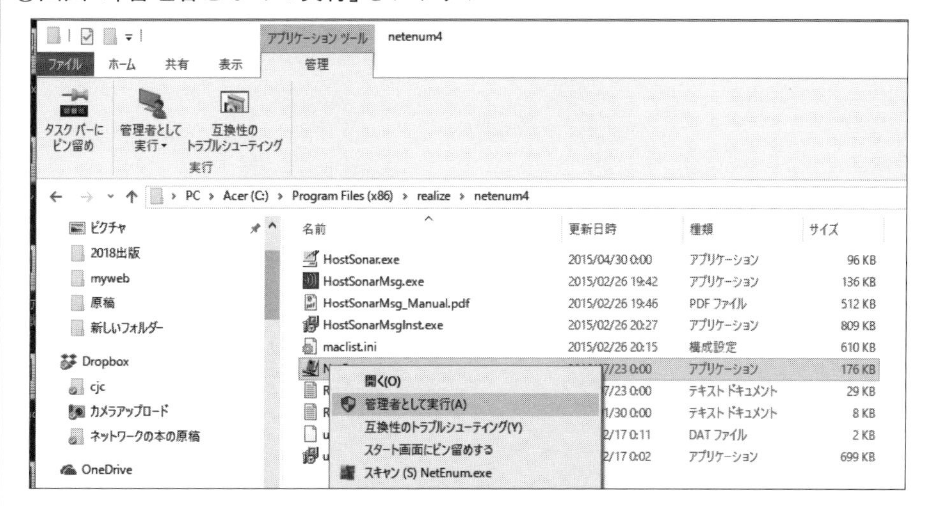

⑩メニューの「検索」をクリック

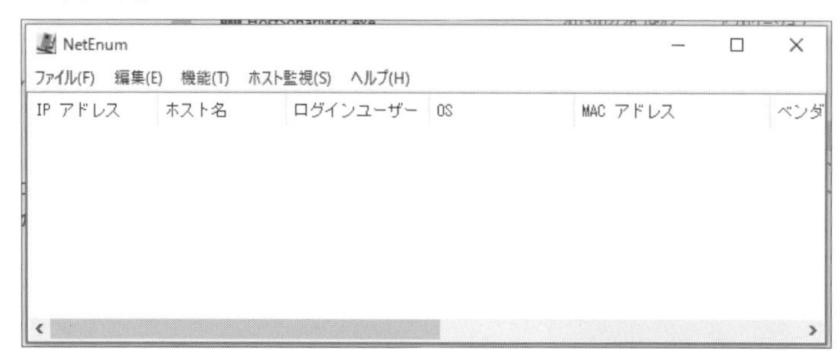

⑪画面の「Macアドレスを取得する」と「ベンダー名を表示」にチェックを入れた後、「検索」をクリック

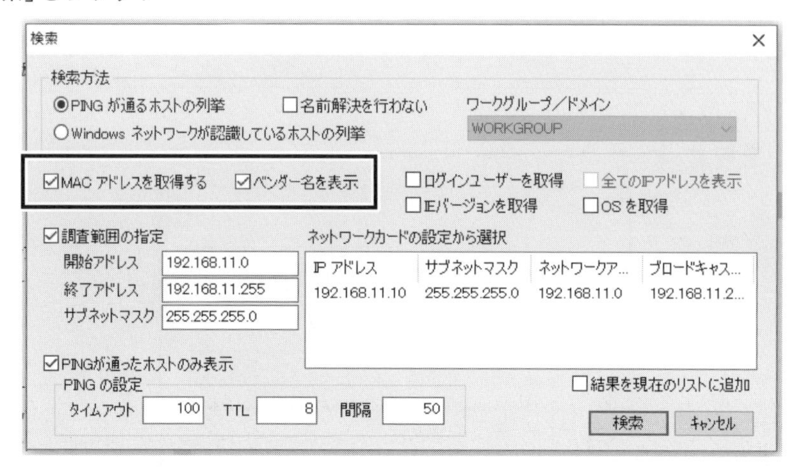

⑫検索中の画面の表示

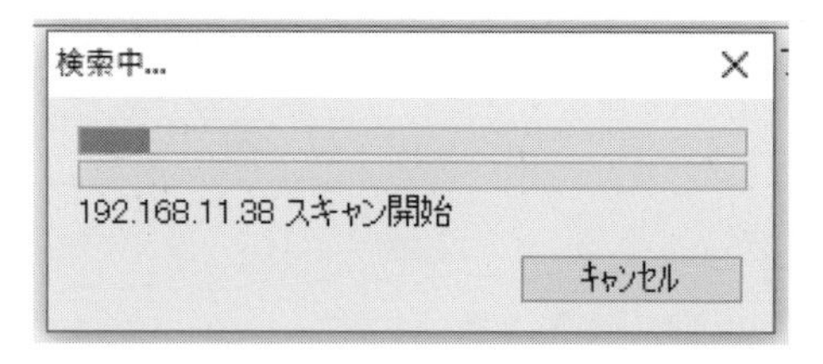

⑬結果の表示

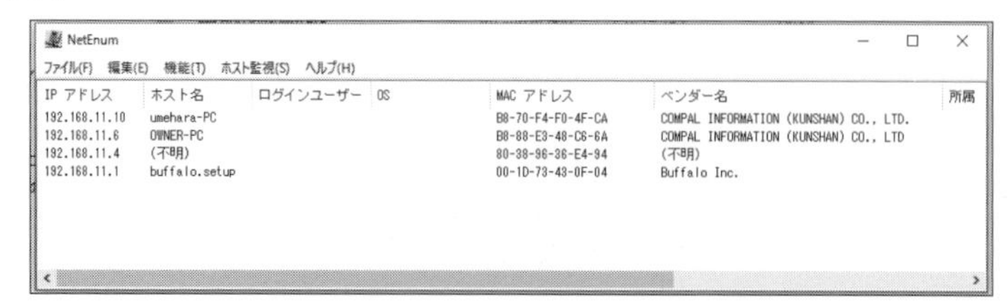

現在、起動しているコンピュータの「IPアドレス」と「MACアドレス」の対応関係の一覧が表示される。

補論3　「パケット」を解析するソフト「Wireshark」

ネットワーク上を流れるパケットを解析して表示する有力な「Wireshark」を紹介しよう。

[1]ダウンロード

④「名前を付けて保存」をクリック

⑤保存場所をデスクトップにし、「保存」をクリック

⑥しばらくするとダウンロードが完了

デスクトップ画面に「Wireshark」のアイコンが表示される。

[2] Wiresharkのインストール

①「Wireshark」をインストールするため、このデスクトップ画面にある「Wireshark」のアイコンをダブルクリック

②画面から「Next」をクリック

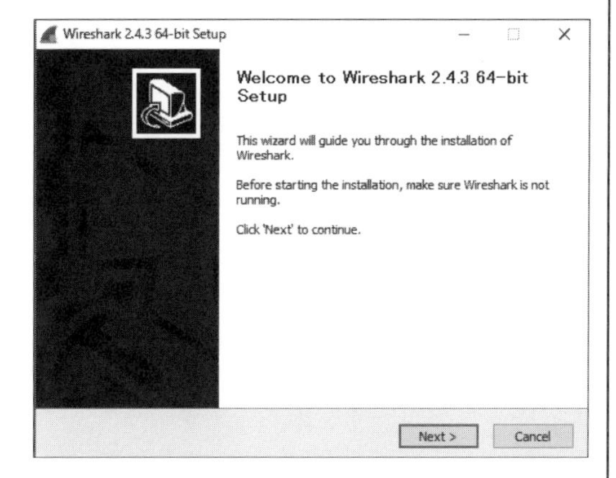

③「I Agree」をクリック

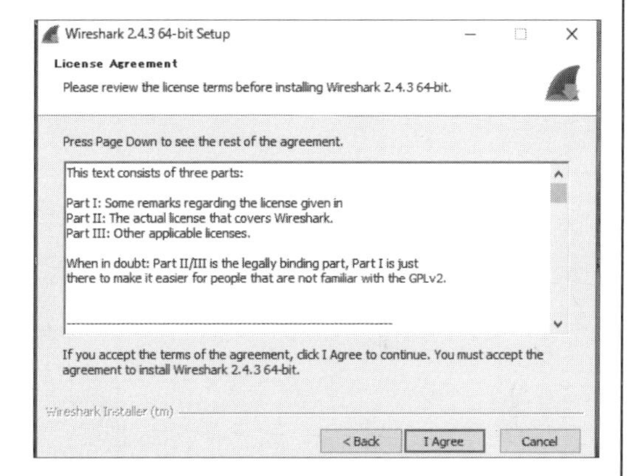

④画面から「Next」をクリック

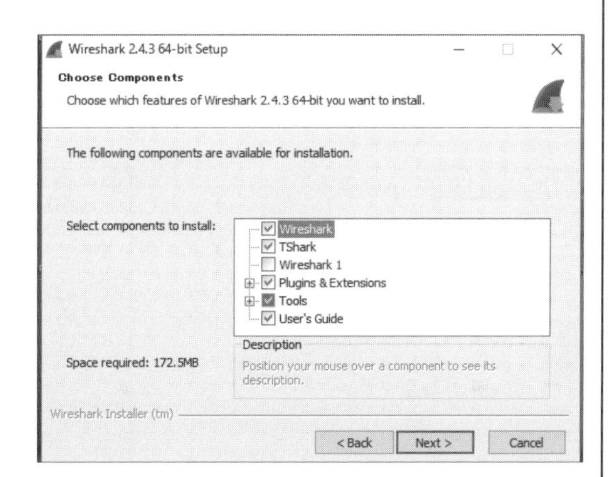

⑤画面の「Wireshark Desktop Icon」にチェックを入れた後、「Next」をクリック

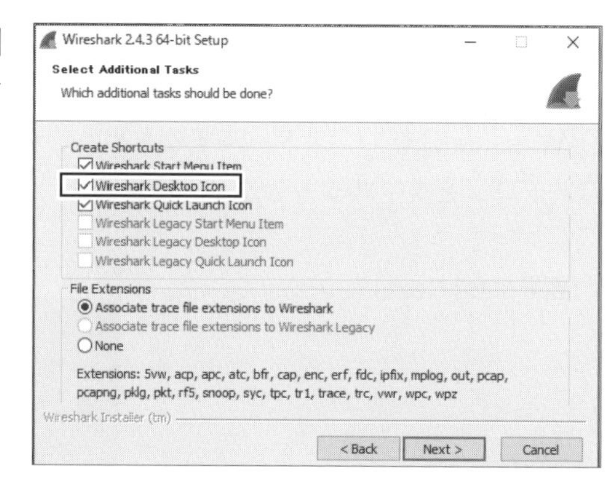

⑥画面から「Next」をクリック

インストール先はそのままとする。

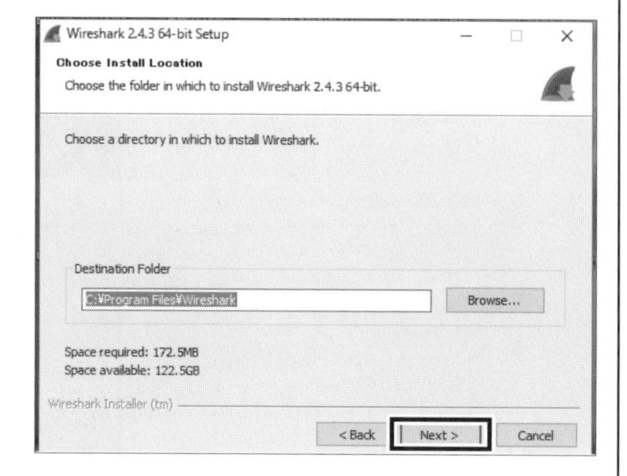

⑦画面から「Next」をクリック

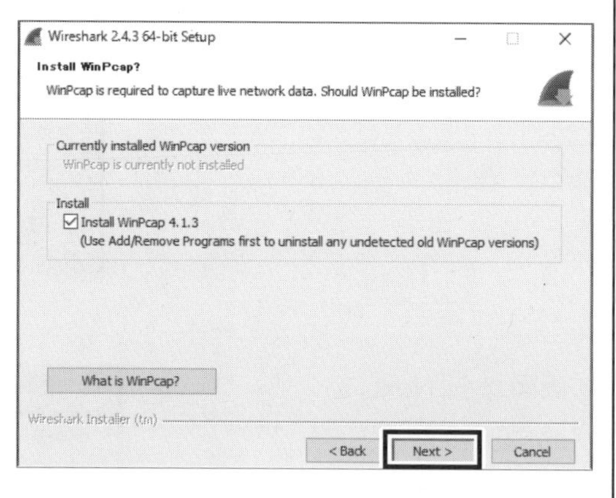

⑧「Install」をクリック

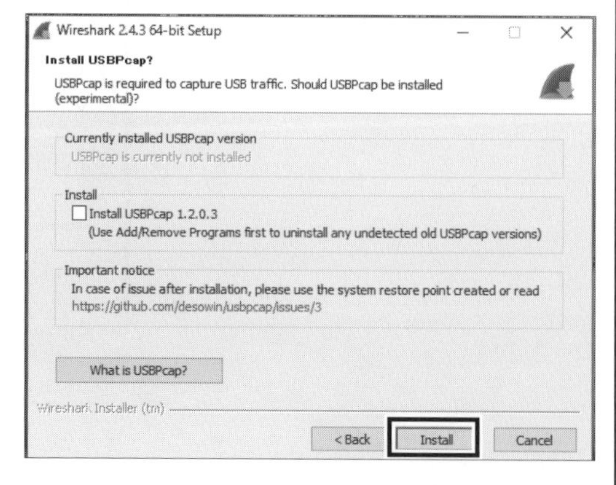

⑨インストールの開始

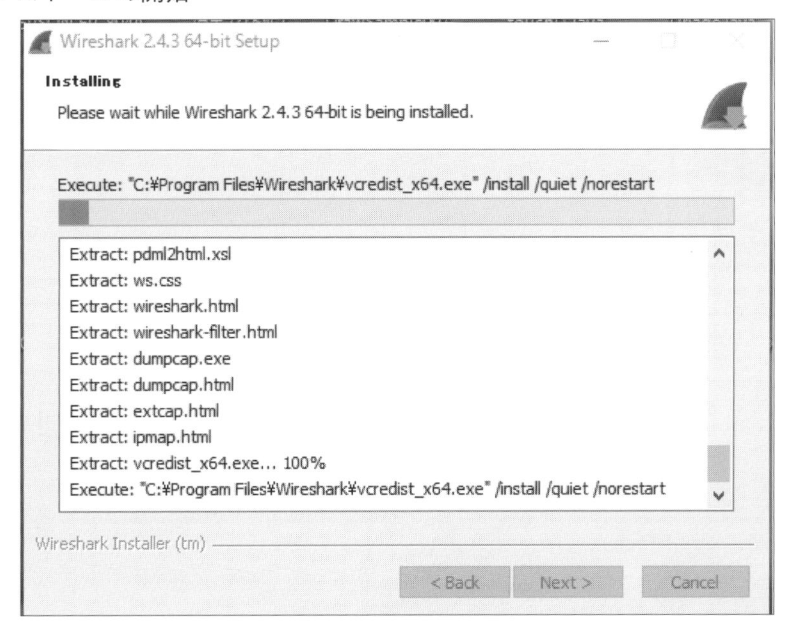

⑩インストールが終わると次の画面が出るので、「Next」をクリック

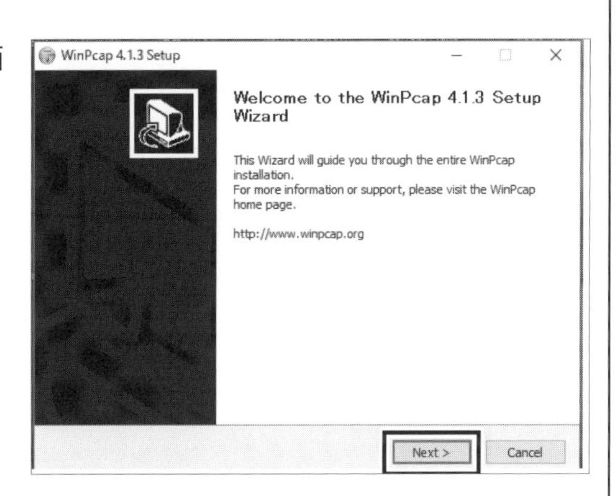

⑪「WinPcap」画面が表示され、インストールの同意として、「I Agree」をクリック

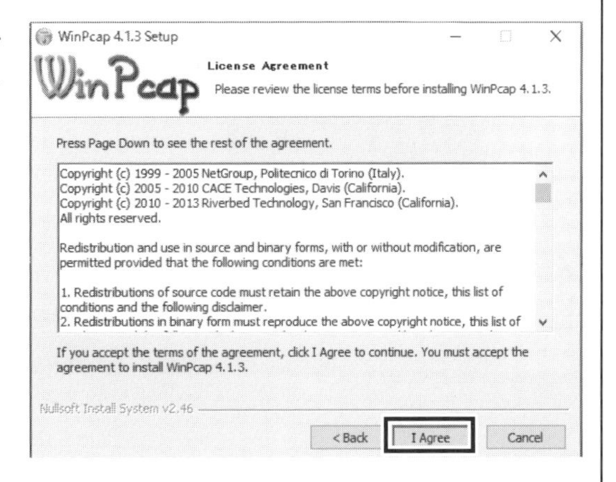

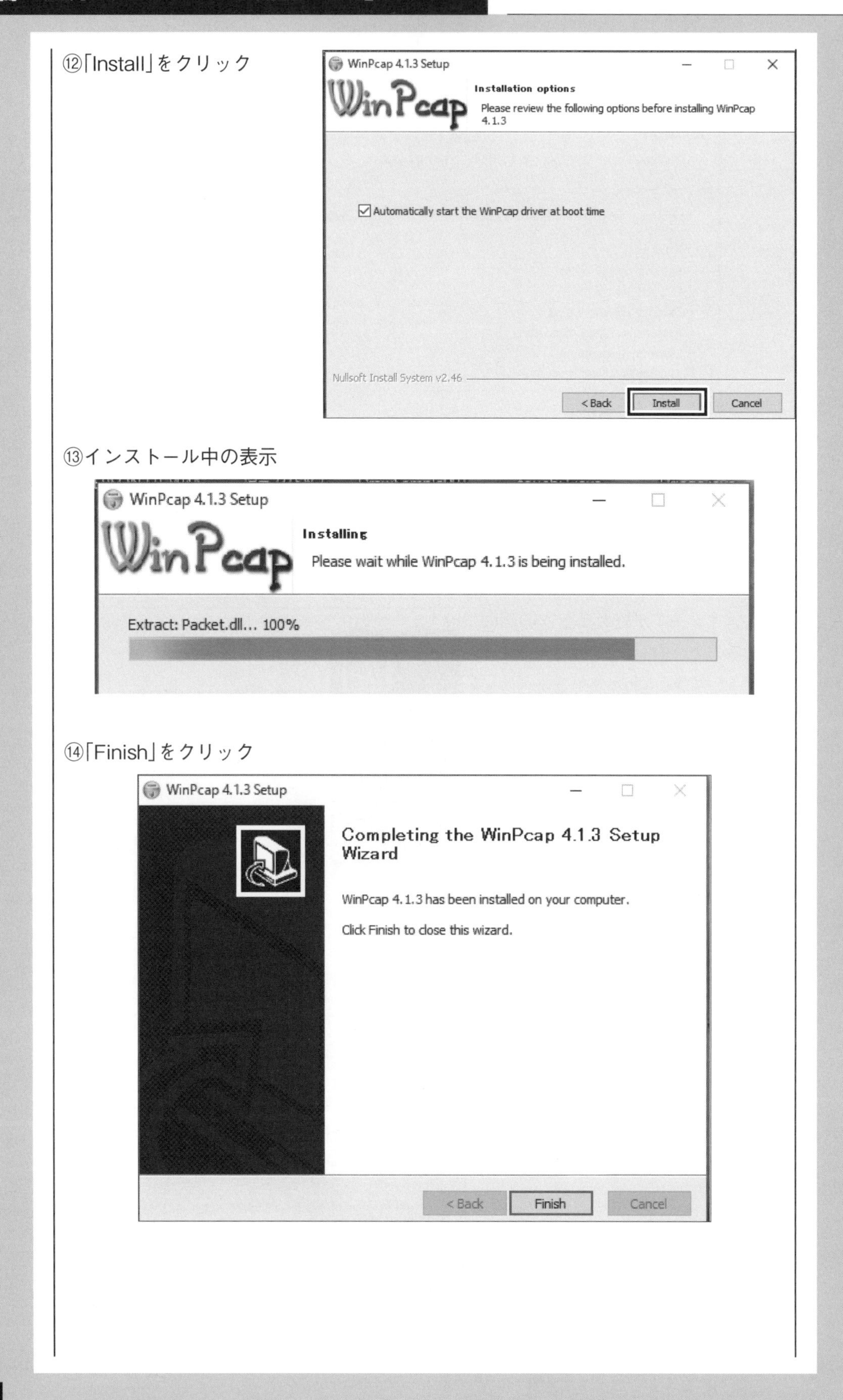
⑫「Install」をクリック
WinPcap 4.1.3 Setup
WinPcap
Installation options
Please review the following options before installing WinPcap 4.1.3
Automatically start the WinPcap driver at boot time
Nullsoft Install System v2.46
< Back
Install
Cancel
⑬インストール中の表示
WinPcap 4.1.3 Setup
WinPcap
Installing
Please wait while WinPcap 4.1.3 is being installed.
Extract: Packet.dll... 100%
⑭「Finish」をクリック
WinPcap 4.1.3 Setup
Completing the WinPcap 4.1.3 Setup Wizard
WinPcap 4.1.3 has been installed on your computer.
Click Finish to close this wizard.
< Back
Finish
Cancel

⑮インストール後、「Next」をクリック

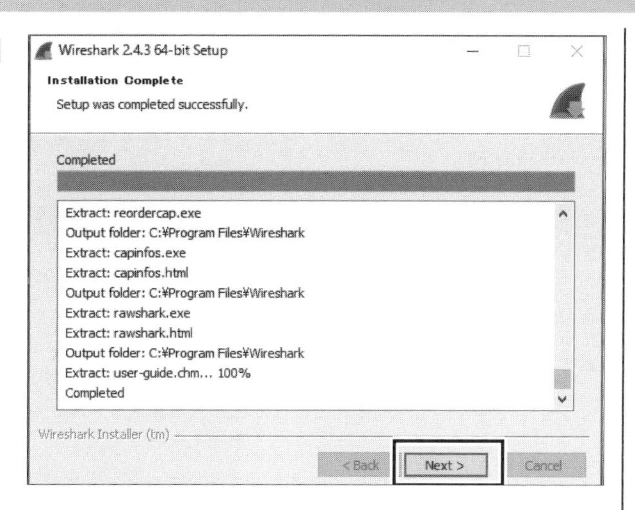

⑯「Finish」をクリック

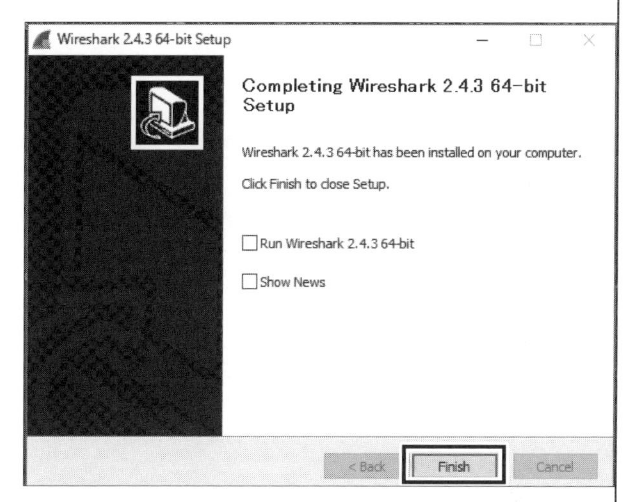

デスクトップ画面にインストール済みの「アイコン」が表示される。

[3] Wiresharkの使い方

①デスクトップ画面にある「Wireshark」のアイコンをダブルクリック後、画面の「ローカルエリア接続」を選択

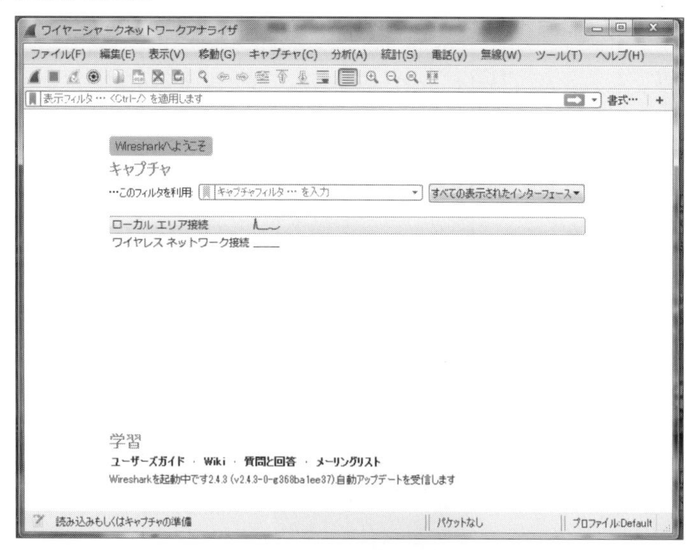

②メニューの「キャプチャ」をクリック後、「オプション」をクリック

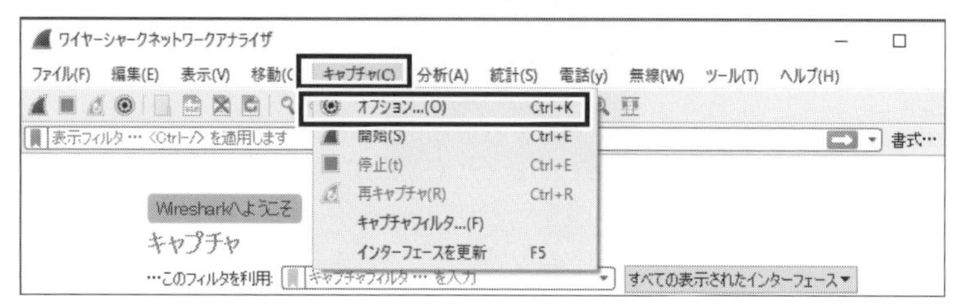

③「開始」をクリック後、同時に他のコンピュータからpingを飛ばす

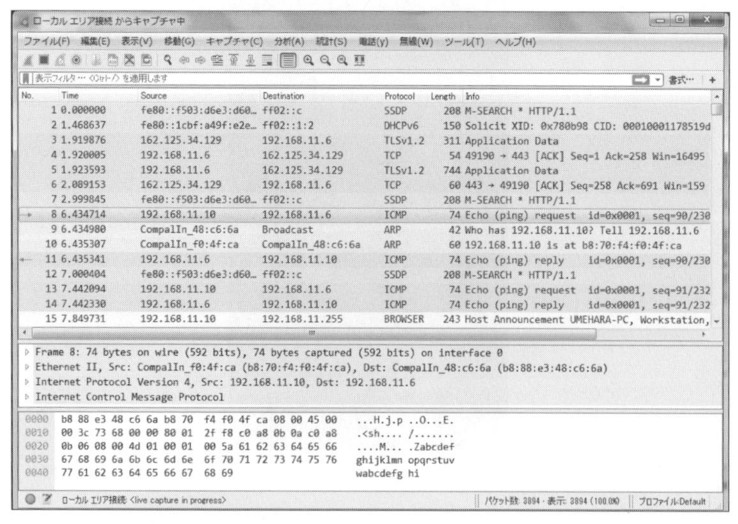

索 引

数字

アルファベット順

《A》

《B》

《C》

《D》

《E》

《F》

《G》

《H》

《I》

《J》

《L》

《M》

《N》

《O》

[著者略歴]

梅原　嘉介（うめはら・よしすけ）

1945年　静岡生まれ。
1973年　関西大学大学院博士課程 経済研究科 満期退学
現　在　中国学園大学 国際教養学部 教授

[主な著書]

「進化ゲーム理論と遺伝的アルゴリズム」工学社、2007年、共著
「ツイッター・ブログ・ホームページ」工学社、2011年
「文系のためのAndroid」工学社、2013年、共著
「Unity入門」工学社、2017年、共著

中西　盛麿（なかにし・せいま）

1969年　岡山生まれ
現　在　中国学園大学 国際教養学部 講師

瀬良　美紗稀（せら・みさき）

1996年　岡山生まれ
現　在　中国学園大学 国際教養学部 4年次生

質問に関して

本書の内容に関するご質問は、

①返信用の切手を同封した手紙
②往復はがき
③ FAX(03)5269-6031
　(ご自宅のFAX番号を明記してください)
④ E-mail　editors@kohgakusha.co.jp

のいずれかで、工学社編集部あてにお願いします。
なお、電話によるお問い合わせはご遠慮ください。

サポートページは下記にあります。

[工学社サイト]
http://www.kohgakusha.co.jp/

I/O BOOKS

基礎からわかる「ネットワーク・システム」の理論と構築

2018年8月30日　初版発行　© 2018

著　者　梅原　嘉介
発行人　星　正明
発行所　株式会社**工学社**
〒160-0004 東京都新宿区四谷 4-28-20 2F
電話　(03)5269-2041(代)[営業]
　　　(03)5269-6041(代)[編集]
振替口座　00150-6-22510

※定価はカバーに表示してあります。

[印刷] シナノ印刷(株)

ISBN978-4-7775-2059-6